婴幼儿托育服务与管理专业规划教材

杨晓萍　李姗泽　总主编

婴幼儿发展心理学

主　编：金　叶　曹艳艳
副主编：关智元　袁振华
编　委：陈心蕾　吕　欢　戴　凌
何　杰　李　盼　于晓琴

西南大學出版社
国家一级出版社　全国百佳图书出版单位

图书在版编目(CIP)数据

婴幼儿发展心理学 / 金叶，曹艳艳主编. -- 重庆：西南大学出版社，2022.7
ISBN 978-7-5697-1389-3

Ⅰ. ①婴… Ⅱ. ①金… ②曹… Ⅲ. ①婴幼儿心理学
Ⅳ. ①B844.12

中国版本图书馆CIP数据核字(2022)第093334号

婴幼儿发展心理学

YINGYOU'ER FAZHAN XINLIXUE

主　编　金　叶　曹艳艳

总 策 划：杨　毅　杨景罡
执行策划：钟小族　张燕妮
责任编辑：周明琼　杜珍辉
责任校对：张　丽
装帧设计：闰江文化
排　　版：张　祥
出版发行：西南大学出版社
重庆·北碚　　邮编：400715
印　　刷：重庆紫石东南印务有限公司
幅面尺寸：185mm×260mm
印　　张：12.5
字　　数：245千字
版　　次：2022年7月　第1版
印　　次：2022年7月　第1次印刷
书　　号：ISBN 978-7-5697-1389-3
定　　价：49.00元

婴幼儿托育服务与管理专业规划教材

编委会

扫码获取本书教学资源

总序

0~3岁婴幼儿阶段是一个人生命中最快速发展的时期，亦是人生的重要奠基期。婴幼儿成长需要一个儿童友好社会，需要一个完整的社会教育架构，以保证每个家庭中的每一个孩子都能在其黄金三年得以健康成长。由此，架构一个完整的有利于婴幼儿健康成长的托育服务体系，并在高校培养相应的人才是中国教育体系刻不容缓的任务。

婴幼儿托育服务质量不仅关乎婴幼儿的健康成长，而且关乎人民群众的获得感、幸福感和安全感。近年来，国务院、教育部相继出台了一系列政策，对婴幼儿托育事业进行规划和布局。2017年10月，党的十九大报告明确提出“幼有所育”，并将其作为国家七大民生工程之首。2021年3月，《中华人民共和国国民经济和社会发展第十四个五年规划和2035年远景目标纲要》中特别强调“发展普惠托育服务体系，健全支持婴幼儿照护服务和早期发展的政策体系”。2021年12月，国家发展改革委等部门联合印发了《“十四五”公共服务规划》，指出“着力构建多元化、多样化、覆盖城乡的婴幼儿照护服务体系，积极引导社会力量举办托育服务机构……依法逐步实行婴幼儿照护工作人员职业资格准入制度”。

构建规范普惠的婴幼儿托育服务体系对于改善我国人口结构、积极应对人口老龄化、保持我国人力资源禀赋优势等方面具有重要意义。尽早研究、大力发展婴幼儿托育服务体系，建立健全相关的政策制度设计，是事关国家发展与安全、关乎国计民生的重要任务，这离不开大量高素质专业人才作为支撑。目前，我国托育服务从业人员队伍建设主要存在数量不足、人员素质参差不齐、托育服务人才培养和培训体系尚未形成等短板，应拓宽培养培训渠道，着力建设一支品德高尚、富有爱心、敬业奉献、素质优良的托育服务人才队伍。

本套教材依据《职业教育专业目录(2021年)》，按照《托育机构设置标准(试行)》《托育机构管理规范(试行)》《托育机构保育指导大纲(试行)》等重要文件精神进行编写，涵盖了婴幼儿托育服务与管理专业主要基础课程和专业核心课程，共包含23本教材。在编写过程中力求创新，努力打造自己的优势和特色。

第一，充分体现医教融合，指向岗位实际需求。本套教材的编写团队由师范院校、医学院校和企业团队构成，积极促成高校、医院与早教机构联合开发应用型课程，共同聚焦“医教融合”托育服务新模式下的岗位核心能力，着力体现人才培养的前瞻性和适应性。

第二，结合工作流程制定项目学习任务，符合高职“三教”改革趋势。立足职业教育的类型特点和经济社会发展对技术技能型人才的需求，探索活页式新形态教材开发的思路和方法，是职业教育“三教”改革的重要内容。本套教材积极探索提高实践能力为引领的人才培养流程，对接职业岗位标准，将工作任务转化为项目，将专业知识与技能转化为岗位能力，以项目为纽带、工作任务为载体、工作过程为导向，构建教材内容。融合学校和企业人员，共同编写理实一体、书证融通的工作手册式、活页式新形态教材。

第三，体现岗位能力要求，让学习者提前了解真实工作应用场景。本套教材以学习者发展为根本，以学习产出为导向，关注实践性教学内容，重视解决工作实际问题。在内容设计上，以典型工作任务、案例为载体组织教学单元。立足真实工作情景，采用大量真实案例及拓展阅读素材，帮助学习者在了解基本理论的前提下，更好地面对、解决工作中遇到的实际问题。

第四，配备丰富教学资源，视频展示实操技能。本套教材在设计上注重实操性，通过操作视频、题库、案例集等数字资源，为学习者创设真实详细的任务情境，增强学习过程的综合性、趣味性、挑战性，使学习者在主动建构、合作共研的过程中获得新知、提升经验。此外，编写团队还重视教材的实用性和灵活性，打造“纸质教材+数字化教材”协同互补的新形态教材体系，以期提高教学实效。

本套教材的顺利付梓得益于所有参编人员的辛劳付出和西南大学出版社的积极协调与沟通。在此向参与此次编写活动的全体人员表达我们的敬意。同时，教材写作难免有疏漏或不足之处，我们将在教材使用中进一步总结反思，不断修订完善，恳请各位同行不吝赐教。

李姗泽

2022年7月

前言

本书主要是针对婴幼儿托育服务与管理专业学生编写的一本项目式教材，在校企双元合作，精简理论的丛书编写方针指导下，为学生展现了在未来工作中可能遇到的婴幼儿心理发展的规律或问题，引导学生积极思考，寻找解决问题的方法，将理论学习运用到解决实际问题上，为以后走上工作岗位打下坚实的基础。该书分别从0~3岁婴幼儿心理发展概述、0~3岁婴幼儿心理发展的生理基础、各月龄阶段婴幼儿的心理发展与教育、0~3岁婴幼儿心理发展与教育的评价三大方面为即将从事托育机构工作或者开展实习实训的学生提供相应的指导。

简洁性与实用性统一是本书的另一个特色。本书以实证研究和权威的心理学理论为依据，以真实的活动案例和情景再现为依托，科学、具体地介绍了婴幼儿心理发展的基础理论知识。此外，本书每章开始都设置了"思维导图"，帮助学生理清思维脉络，以便于系统、直观地掌握本书内容。对于重要的知识点，有操作流程，有学习支持，有学生自评，方便学生自学或巩固学习，同时还有拓展阅读，思考与练习，以求课前课后教学一体化。

本书是集体智慧的结晶，全书共计八大项目。教材编写团队是由高校专家与托育机构管理者共同组成。主编为高校教师，副主编为托育行业管理者。编者都是来自学前教育专业、婴幼儿托育服务与管理专业一线的专业带头人和骨干教师，教学研究和实践经验都非常丰富。本书主编为四川幼儿师范高等专科学校学前教育一系金叶老师和重庆文化艺术职业学院的曹艳艳老师。副主编为关智元、袁振华园长，他们为本书的项目操作清单和案例视频等提供了大量帮助。编写具体分工如下:金叶、曹艳艳负责拟定全书框架设计、制定编写标准、统稿;项目一的编写者是重庆文化艺术职业学院的曹艳艳老师;项目二、三、六、八的编写者是四川幼儿师范高等专科学校戴凌、陈心蕾、吕欢、金叶老师;项目四的编写者是何杰老师;项目五的编写者是李盼老师;项目七的编写者是于晓琴老师,团队为本书的撰写和修改、统稿贡献了智慧和汗水。

在编写过程中,编者借鉴、参考了国内外儿童心理发展领域最新的研究成果,在此,向这些作者表达诚挚的谢意!

本书可作为职业院校婴幼儿托育专业、幼儿保育、早期教育专业学生的教材,也可作为幼儿教师职前培训或职后继续进修的学习用书。

由于编者专业水平有限,书中恐有遗漏与不足之处,敬请各位读者与幼教同行不吝赐教,予以批评指正,以便修订时进一步完善。

编者

2022年6月

目录

项目一

0~3岁婴幼儿心理发展概述

项目目标

1. 了解婴幼儿的划分界定、0～3岁婴幼儿心理发展的概念和特点。
2. 掌握0～3岁婴幼儿心理发展的目标与内容。
3. 使用0～3岁婴幼儿心理发展的常用研究方法。

学习重难点

学习重点：

掌握0～3岁婴幼儿心理发展目标和内容。

学习难点：

1. 掌握0～3岁婴幼儿心理发展目标和内容。
2. 比较和使用0～3岁婴幼儿心理发展的常用研究方法。

思维导图

- 0~3岁婴幼儿心理发展概述
  - 0~3岁婴幼儿心理发展概念与总体特点
    - 0~3岁婴幼儿心理发展的基本概念
    - 0~3岁婴幼儿心理发展的总体特点
  - 0~3岁婴幼儿心理发展目标、内容与特点
    - 0~3岁婴幼儿动作发展
    - 0~3岁婴幼儿认知发展
    - 0~3岁婴幼儿语言发展
    - 0~3岁婴幼儿情绪发展
    - 0~3岁婴幼儿个性与社会性发展
  - 0~3岁婴幼儿心理发展研究的基本原则和方法
    - 0~3岁婴幼儿心理发展研究的基本原则
    - 0~3岁婴幼儿心理发展研究的基本方法

任务一
0～3岁婴幼儿心理发展概念与总体特点

任务描述

准确对0～3岁婴幼儿时期各阶段进行划分界定，理解和掌握心理发展的概念，能结合案例分析0～3岁婴幼儿心理发展的总体特点。

任务准备

上课用课件资料、婴幼儿发展音视频素材等。

操作流程

工作表单

小组讨论

1.0～3岁婴幼儿心理发展的基本概念。

2.0～3岁婴幼儿心理发展的总体特点。

任务分析

能够结合婴幼儿某一个体及个体与个体之间心理发展各方面的异同，总结提炼婴幼儿心理发展的规律性特点。

学习支持

一、0~3岁婴幼儿心理发展的基本概念

当我们学习“婴幼儿心理发展”这门课程时，脑海里可能会浮现一些问题：什么是心理发展？如何理解婴幼儿的心理发展？婴幼儿心理发展的特点究竟是什么？

(一)婴幼儿的界定

目前国内外教育界和心理学界对于婴儿期的划分界定并没有一致的观点。但通常划分方式为:

新生儿期,指从胎儿出生后至28天的这4周。

婴儿期是指从胎儿出生一个月起至满1周岁,这一阶段以母乳为主要食品,故也称为乳儿期。

幼儿期是指学龄前的时间。

本书将0~3岁定义为婴幼儿期。

(二)心理发展

人的心理,又称心理现象,是自然界最复杂、最奇妙的一种现象。比如,我们的眼睛可以看到五彩缤纷的世界,我们的耳朵可以聆听优美的旋律,我们的大脑可以储存丰富的知识和经验,我们可以运用自己的思维去探索自然和社会的各种奥秘……总之,人的心理现象是多种多样的,心理活动无时无刻不在伴随着人的生活。

心理学通常把心理分为心理过程和个性心理。心理过程指人的心理活动过程,包括人的认识(如感知觉、记忆、思维、想象)过程、情绪情感过程和意志过程。个性心理体现的是人与人之间在心理上的差异。个性心理主要包括个性倾向性(如需要、动机、兴趣、理想等)、个性心理特征(如能力、气质、性格等)和自我意识。

心理发展是指个体在整个生命历程中所发生的一系列积极的心理变化。有关心理发展的过程主要包含两种观点:一种是"渐进论"的观点,认为从婴幼儿到成人的心理发展是一个逐渐积累的连续量变过程;另一种是"阶段论"的观点,认为个体的心理发展不是一个连续量变的过程,而是经历一系列有着质的不同的发展阶段的非连续过程。尽管两种观点对发展过程的理解不同,但是心理发展主要表现在四个方面:①从混沌未分化向分化、专门化的发展;②从不随意性、被动性向随意性、主动性的发展;③从认识事物的表面现象向认识事物的内部本质的发展;④从不稳定向稳定的发展。

(三)0~3岁婴幼儿心理发展

0~3岁婴幼儿心理发展是指婴幼儿0~3岁期间所具有的共同的、典型的心理特点和主导活动,是在生理发育的基础上,心理从低级到高级、从简单到复杂的变化发展过程。本书主要从动作、认知、语言、情绪、个性和社会性等方面来探讨0~3岁婴幼儿心理发展的变化过程。

0~3岁是个体身心发展的关键期,是智力发展和个性品质形成的重要阶段。了解和掌握婴幼儿身心发展的特点和规律,有助于我们用科学的方法帮助和指导家庭和早期托育机构开展育儿工作。

二、0～3岁婴幼儿心理发展的总体特点

(一)0～3岁婴幼儿心理发展具有普遍性和个体差异性

由于遗传、环境和生活实践等方面的影响,不同的婴幼儿在心理发展的时间和内容上表现出共同的特点,发展带有一定的普遍性。如在动作发展的时间和顺序上,多数婴幼儿基本按照"3个月翻身、6个月坐、8个月爬"的顺序进行;婴幼儿语言能力的发展一般都有1～1.5岁的单词句阶段、1.5～2岁的双词句阶段和2～3岁的完整简单句阶段。

与此同时,遗传素质、社会生活水平、教育条件、生活经历等方面的差异,使每个婴幼儿在心理发展速度、心理活动内容、心理发展水平等方面都有着不同于他人的独特特点。例如,有的婴幼儿对音乐有特殊的敏感度,有的婴幼儿对色彩有深刻的理解。在性情方面也是如此,有的婴幼儿好动,善于与人交往,言语表达流畅;有的婴幼儿喜欢安静、独处,沉默寡言,不合群。婴幼儿心理发展的不平衡性和差异性,要求设计教育活动的内容、形式等时,不仅要考虑婴幼儿的年龄特征,而且要注意婴幼儿的个别差异,这样才能因材施教。

案例:亮亮今年2岁半,他现在还不会说话。奶奶说:"没关系,亮亮的爸爸和妈妈都是研究生,亮亮长大后肯定也差不到哪里去。贵人语迟,我们亮亮一定是大富大贵之命。"

你认为奶奶的分析正确吗?

分析:亮亮2岁半不会说话属于语言发育水平落后。虽然我们认为婴幼儿时期个体差异性较大,但是仍建议家人及时带亮亮到医院相关科室进行全面的儿童发育评估。当孩子发育指标出现明显延迟时,不能用"贵人语迟""父母聪明孩子就没问题"等没有科学依据的理由拒绝就医。

(二)0～3岁婴幼儿心理发展具有连续性和阶段性

婴幼儿心理发展是一个连续的过程,前后发展之间有着密切的联系,同时,每一个阶段的发展都是为后续的发展准备更充分的条件或基础。反之,如果婴幼儿心理发展过程的某一阶段存在问题或缺陷,必然会对后续的相关心理发展产生不利的影响。例如,从婴幼儿身体整体结构的发展而言,其顺序是头部首先得到发展,而后是躯干和四肢的发展;在骨骼与肌肉的协调发展中,首先得到发展的是大骨骼与大肌肉,而后才是小骨骼与小肌肉群的发展与协调。所以,儿童行动能力的发展中,依照着先有翻身、坐、爬、站、走和跑等粗大动作的发展,然后才有写字、绘画等精细动作的发展。儿童的认知和思维能力的发展,遵循着先具体后抽象的顺序。先前的发展变化,又是其顺序序列中紧随其后的发展和变化的基础,连续性这一特点,使儿童身心发展成为一种连续的、不可逆转的过程。

同时，婴幼儿心理发展在不同的年龄段之间会出现一些显著的、本质的差异。阶段性是指在儿童心理成熟的过程中会经过若干次质变，每一次质变都代表着一个阶段，这些阶段的发展趋势是从简单到复杂，从低级到高级，从混沌到分化的。例如，婴幼儿在不会说话阶段与会说话阶段之间、在不能独立行走阶段和能够独立行走阶段之间，都具有显著的阶段性特点。

（三）0～3岁婴幼儿心理发展具有整体性和不均衡性

印刻现象

在婴幼儿心理发展的过程中，各种心理因素之间并不是孤立的，一种心理因素的发展必然与其他心理因素的发展之间有着直接或者间接的联系。例如，动作、认知、语言、情绪、个性、社会性的发展之间都有着非常密切的联系。婴幼儿心理发展的不均衡性表现在两个方面：一是在不同的年龄阶段，发展的速度是不均衡的。年龄越小，发展速度越快。例如，新生儿一天一个样，满月后一周一个样，周岁后一月一个样。二是不同方向的发展也是不均衡的。例如，在心理方面，感知成熟在先，思维成熟在后，情感成熟更后。

学习评价表

主题	内容	优秀	良好	一般	较差	很差
学习态度	能准时参加全部课程，按时提交作业，及时查阅教师上传的学习材料	5	4	3	2	1
专业知识	了解0～3岁婴幼儿时期各阶段划分掌握心理发展的概念	5	4	3	2	1
研讨精神	积极参与讨论，对其他人的发言能提出合理的分析和见解	5	4	3	2	1
团队协作	能很好地融入课堂小组讨论，共同推进学习进程	5	4	3	2	1
沟通交流	能够清晰准确地表达自己的观点，与他人交流时态度语气恰当	5	4	3	2	1
人文素养	能够关注人文社科知识，有意识地树立职业精神	5	4	3	2	1
信息素养	会检索常见的婴幼儿保教专业文献数据库，主动阅读相关文献	5	4	3	2	1
实践应用	能结合案例分析0～3岁婴幼儿心理发展的总体特点	5	4	3	2	1

推荐阅读

1. 桑标. 儿童发展[M]. 上海：华东师范大学出版社，2014.

2. 陈鹤琴. 家庭教育[M]. 上海：华东师范大学出版社，2018.

任务二

0~3岁婴幼儿心理发展目标、内容与特点

任务描述

认识0~3岁婴幼儿心理发展包含动作、认知、语言、情绪、个性和社会性等方面,并掌握心理发展各方面的目标、内容和特点,能结合实际案例进行分析。

任务准备

上课用课件资料、婴幼儿发展音视频素材等。

操作流程

工作表单

小组讨论

0~3岁婴幼儿心理发展的目标、内容与特点。

任务分析

能够结合0~3岁婴幼儿心理发展各方面的目标、内容和特点,进行婴幼儿心理现象分析。

学习支持

0~3岁婴幼儿心理发展主要包括动作发展、认知发展、语言发展、情绪发展、个性和社会性发展等方面。

一、0~3岁婴幼儿动作发展

(一)0~3岁婴幼儿动作发展的目标与内容

总体目标:发展基本动作,锻炼身体,增强活动能力,促进身体平衡性、协调性的发展。具体内容为:

1.粗大动作

婴幼儿粗大动作发展有躺、坐、爬、站、走、滚、踢、抓接、跑、跳、投掷、玩运动器械等。

(1)学会俯卧抬头、目光追视、侧翻等动作。

(2)学习翻身和靠坐,学习独坐、爬行、扶物行走。

(3)学会独立行走、下蹲、转身。能自如地走、跑,双脚原地并跳,举手过肩扔球。

(4)学会钻爬、上下楼梯,学走小斜坡。

2.精细动作

婴儿的精细动作发展有抓握、捏取、压搓、折叠、捆绑、点指等,如抓饼干、捏黄豆、握笔画画等。

(1)能伸手抓住玩具,并用双手玩,能捏拿小物件。

(2)懂得操作和摆弄积木、珠子、纸、橡皮泥等玩具,提高手指的灵活性和手眼协调性。

(二)0~3岁婴幼儿动作发展特点

1.粗大动作发展特点

0~1岁以移动运动为主(包括躺、坐、爬、站等);1~2岁由移动向基本运动过渡(包括爬、走、滚、踢、抓、接等);2~3岁以发展基本运动技能为主,向各种动作均衡发展(包括走、跑、跳、投掷、玩运动器械等)。

2.精细动作发展特点

从肌肉的运动状况看:由手的粗大肌肉运动向手的精细动作发展。从手操作物体看:由全手掌动作向多个手指动作发展。从抓握物体的方向来看:先是右侧动作发展,然后是左侧动作发展,最后是手指功能发展。

二、0~3岁婴幼儿认知发展

(一)0~3岁婴幼儿认知发展的目标与内容

总体目标:在发展视觉、听觉、触觉等丰富的感性认识基础上,逐步发展记忆、思维等认识客观世界并适应环境的能力。

具体内容为:认知发展主要包括感知觉、记忆、思维三个方面。

1.感知觉

感觉是反映当前客观事物的个别属性的认识过程,如物体的声、色、冷、热、软、硬等。知觉是反映当前客观事物整体特征的认识过程,它是在感觉的基础上形成的。

(1)有敏锐的触觉、痛觉、听觉、视觉、味觉和嗅觉。例如,能认识物体的声、色、冷、热、软、硬等。

(2)能理解和分辨空间知觉(例如上、下)、时间知觉(例如昼、夜)等。

2.记忆

记忆是大脑系统活动的过程,一般可分为识记、保持和重现三个阶段。

(1)能够进行再认。

(2)能够有意识地回忆一段时间之前的人与物。

3.思维

思维包括分析、综合、比较、概括等一系列过程,此过程又通过概念、判断、推理等思维形式进行。

(1)能够借助动作表达自己的意愿和目的。

(2)能够按照物体的结构特征和功能使用物体。

(3)能够用"试误"的方法解决问题。

(二)0~3岁婴幼儿认知发展特点

1.感知觉发展的特点

婴幼儿最早出现的是皮肤感觉(触觉、痛觉、温度感觉),其后逐步表现出敏锐的视觉、听觉和嗅觉。

婴幼儿的知觉在半岁左右开始萌芽,1岁认识客体永存现象,2岁掌握物体名称,3岁开始辨别上下、大小。从半岁到3岁左右,是各种知觉能力快速发展的时期。

2.记忆发展的特点

儿童在1岁以前记忆能力比较差,只有再认而无重现。1岁以后,随着年龄的增长和活动范围的扩大,幼儿认识的事物增多,会记住越来越多的东西。这时记忆的无意性很大,幼儿开始形成主动提取眼前不存在的客体的意向,即重现。

2岁左右,幼儿可以有意识地回忆数天前的事件(重现),不过这种能力还很弱。

3岁时,幼儿能再认3个月前的人和物,但重现仅限于几星期前的事。

3.思维发展的特点

0~1岁是思维方式的准备时期,婴儿凭借手摸、体触、鼻闻、耳听、眼看发展其感知觉能力,并在复杂的综合知觉的基础上,产生萌芽状态的表象。

1~3岁处于直觉行动思维阶段,幼儿只有在直接摆弄具体事物的过程中才能思考问题。

3岁时,幼儿在直觉行动思维的基础上,逐步发展起具体形象思维。

三、0~3岁婴幼儿语言发展

(一)0~3岁婴幼儿语言发展的目标与内容

总体目标:培养倾听习惯,初步发展语言理解和表达能力,激发阅读兴趣,养成礼貌的交往技能和习惯。

具体内容为：

1.语音

(1)语音知觉方面：能辨别不同的语音、语调、语义。

(2)发音能力方面：能发出单音节、多音节。

2.词汇

(1)掌握一定的词汇量。如1岁半前掌握50个词，2岁掌握300多个词，3岁掌握1000个左右的词。

(2)掌握一定数量的名词、动词、形容词、代词、副词、介词、量词、连词、叹词、助词等。

(3)能够对词义进行语音理解、情境性理解、具体理解和概括性理解。

3.句子

(1)句型方面：能够说出完整句及复合句。

(2)句子理解方面：能够理解自己说出的某种结构句子的意义。

4.语用技能

(1)能够从前言语交流向言语交流转换。

(2)掌握话轮(谈话双方轮换充当说话者和倾听者)能力、话题选择与维持能力、话语修正能力。

(3)学习根据自己的语境来组织自己的语言。

(二)0~3岁婴幼儿语言发展特点

在儿童掌握语言之前，有一个较长的言语发生准备阶段，称为“前言语阶段”，一般把从儿童出生到能够说出第一个具有真正意义的词之前的这一时期(0~1岁)划为前言语阶段。

1岁以后，幼儿则逐步开始学习说话，1岁左右说出第一个词，1岁半至2岁处于简单句阶段(如会说“妈妈上班”“姐姐走了”等句子)。

2岁以后，幼儿开始进入言语发生阶段。幼儿能够完整地叙说一句话，并逐渐学会说复合句[如“爸爸回来了(的时候)，我在吃饭”]。25~36个月是幼儿基本掌握口语阶段，这一阶段将持续到入学前。

四、0~3岁婴幼儿情绪发展

(一)0~3岁婴幼儿情绪发展的目标与内容

总体目标：情绪健康，能识别和理解别人的情绪，能正确表达自己的情绪，有一定的情绪调节能力。

具体内容为：情绪发展主要体现在情绪的识别与理解、情绪的表达、情绪的调节等方面。

1.情绪的识别与理解

能识别高兴、悲伤、生气和恐惧等基本表情，能根据不同的情绪做出不同的反应。面对周围的人出现悲伤、哭泣等表情时，能表现出理解，并尝试用行为去安慰。

2.情绪的表达

能自如地表达自己的情绪感受，面对环境中不同的刺激，能用表情、肢体动作和言语表达感受。高兴的时候爱笑、手舞足蹈；不高兴的时候发脾气。

3.情绪的调节

面对不满或者需求没能得到满足时，能安抚自己的情绪，调节自己的负面情绪。

（二）0～3岁婴幼儿情绪发展特点

在情绪识别方面，4～7个月的婴儿能识别照片上的大人的高兴、悲伤、生气和恐惧等面部表情，但这种辨认仅仅只是出于认知的角度。

近1岁的婴儿能够笼统地辨别成人的表情，例如，看到妈妈笑，婴儿也跟着笑。2岁的幼儿能够正确辨别面部表情，并能谈论与情绪有关的话题。

在情绪表达方面，婴儿出生时就展示出五种（惊奇、伤心、厌恶、最初步的微笑和兴趣）不同的情绪；在6～9个月时出现其他初级（基本）情绪，如愤怒、悲伤、快乐、惊讶和恐惧；近2岁时，幼儿开始出现次级（复杂）情绪，如尴尬、害羞、内疚、嫉妒、同情、自豪和骄傲等。同时，初级情绪反应不断分化、发展。婴幼儿情绪和情感的最大特点是冲动、易变、外露，年龄越小，这种特点越突出。

在情绪调节方面，2岁的幼儿开始有能力调节自己的情绪。

五、0～3岁婴幼儿个性与社会性发展

（一）0～3岁婴幼儿个性与社会性发展的目标与内容

总体目标：能与周围的环境产生积极互动，建立安全和信任的关系，初步发展人际交往能力。

具体内容为：个性与社会性发展的内容主要体现在自我意识、人际交往、社会适应等方面。

1.自我意识

自我意识是对自己以及自己与客观世界关系的一种认识，由知、情、意三方面构成，包括自我认识、自我体验和自我控制。

（1）建立初步的自我概念。

（2）塑造良好的行为习惯。

2.人际交往

0～3岁婴幼儿阶段的人际交往主要指亲子关系和同伴关系。

(1)能与他人建立积极、友好的关系。

(2)有初步的社会交往能力和适宜的社会行为。

(3)具有初步的分享、合作意识以及与他人共同解决问题的社会性能力和品质。

3.社会适应

(1)初步认识自己生活的家庭、社区等环境。

(2)具备初步的适应能力,适应生活环境。

(3)具有遵守规则的意识。

(二)0~3岁婴幼儿个性与社会性发展特点

1.自我意识发展特点

出生后头几个月,婴儿会通过一些动作来接触和了解世界,如吃手、看到妈妈会笑、喜欢小玩具等。8~10个月时,婴儿能区分自己的动作和玩具之间的关系,想自己做事,拒绝别人的帮助。13个月左右,幼儿能区分自己和别人,能够通过照片认识自己。15个月时,幼儿能够把自己作为客体与周围的环境分开,自我意识开始出现,情绪开始发展,通过言语、动作、表情等展示自己,渴望他人关注自己。1岁半后,幼儿能意识到自己可以完成一些事(如帮爸爸拿水杯)。24个月左右的幼儿能用语言表达自己,逐渐学会使用第一人称。25~36个月的幼儿开始出现约束行为,开始懂得遵从别人,调整自己的行为。

2.人际交往发展特点

首先,在亲子关系方面,母亲是主要抚育者,婴幼儿形成了对母亲的情感联结。父亲也是婴幼儿重要的游戏伙伴,是婴幼儿积极情感满足、社会性人格发展、性别角色正常发展以及社交技能提高的重要基础。

0~3个月的婴儿对所有人都做出反应,不能将他们进行区分,这时的婴幼儿对于和他接触的人没有特殊的反应,此阶段又叫作无区别的依恋阶段。

3~6个月的婴儿对人的反应有了区别,对人的反应有所选择,对母亲更为偏爱,对母亲和陌生人的反应是不同的,这个阶段叫作有差别的社会反应阶段。

从6个月起,婴儿对母亲的存在更加关切,特别愿意跟母亲在一起,这时母亲是他的安全基地。这表明婴儿出现了明显的对母亲的依恋,形成了专门的对母亲的情感联结,这个阶段叫作特殊的情感联结阶段。

2岁以后,幼儿能认识并理解母亲的情感、需要、愿望,知道她爱自己,不会抛弃自己,并知道交往时应考虑她的需要和兴趣,据此调整自己的情绪和行为反应,这个阶段叫作目标调整的伙伴关系阶段。

其次,在同伴关系方面,1岁以后的幼儿开始表现出强烈的寻求小玩伴的愿望,于是开始出现玩伴交往、同伴关系,这时宝宝与同伴在一起时的交流不仅有触摸和微笑，还有对物品的共同注意，但没有直接的相互影响。他们的注意力多集中于物体或玩具，而不是其他的儿童在做什么。3岁前建立的玩伴关系，常常是一对一的活动，此时建立群体的玩伴交往关系还有一定的困难。

3. 社会适应发展特点

1岁以内的婴儿就有了亲社会行为，他们通过指、点的手势来与他人“分享”有趣的物体和事情；1岁半的幼儿会提供特殊的帮助给有困难的人；1岁半到2岁的幼儿看到亲密的人表现出痛苦或者悲伤等情绪时，会用语言或者动作安慰人；3岁的幼儿已经能够对别人受到的伤害表现出同情和支持。

学习评价表

主题	内容	优秀	良好	一般	较差	很差
学习态度	能准时参加全部课程，按时提交作业，及时查阅教师上传的学习材料	5	4	3	2	1
专业知识	了解0~3岁婴幼儿心理发展 掌握0~3岁婴幼儿心理发展各方面的目标、内容和特点	5	4	3	2	1
研讨精神	积极参与讨论，对其他人的发言能提出合理的分析和见解	5	4	3	2	1
团队协作	能很好地融入课堂小组讨论，共同推进学习进程	5	4	3	2	1
沟通交流	能够清晰准确地表达自己的观点，与他人交流时态度语气恰当	5	4	3	2	1
人文素养	能够关注人文社科知识，有意识地树立职业精神	5	4	3	2	1
信息素养	会检索常见的婴幼儿保教专业文献数据库，主动阅读相关文献	5	4	3	2	1
实践应用	能结合案例分析0~3岁婴幼儿心理发展各方面的特点	5	4	3	2	1

推荐阅读

1. 刘婷.0~3岁婴幼儿心理发展与教育[M].上海：华东师范大学出版社，2021.
2. 陈鹤琴.家庭教育[M].上海：华东师范大学出版社，2018.

任务三

0～3岁婴幼儿心理发展研究的基本原则和方法

任务描述

理解0～3岁婴幼儿心理发展研究的基本原则和基本方法及各种方法的相应优缺点，能比较与使用有关0～3岁婴幼儿心理发展的研究方法。

任务准备

上课用课件资料、婴幼儿发展音视频素材等。

操作流程

工作表单

小组讨论

1.0～3岁婴幼儿心理发展研究的基本原则。

2.0～3岁婴幼儿心理发展研究的基本方法。

任务分析

能够结合0～3岁婴幼儿心理发展实际个案，选择科学的研究方法进行分析研究。

学习支持

一、0～3岁婴幼儿心理发展研究的基本原则

对婴幼儿的心理发展进行研究是科学性很强的工作，必须遵循一定的基本原则，概括起来，主要有以下三点。

（一）客观性原则

客观性原则是指从客观实际出发，揭示婴幼儿心理发生、发展的客观规律。

对于婴幼儿心理现象,必须按它的本来面貌加以研究和考察,不能附加研究者任何主观的意愿。婴幼儿的心理活动是由内外刺激引起的,并通过一系列的生理变化,在外部活动中表现出来。因此,不管是研究者对婴幼儿行为的直接观察、测试或实验,还是对养育者的访谈或问卷调查,都应保持实事求是的基本准则。在收集、处理、分析科研资料时,一定要实事求是,客观真实。在心理学研究中,特别强调要以充分的事实材料为依据,因为研究与被研究的对象都是"人",都会带有主观意识,有自己的看法,因此就会使研究材料带有主观性,就会导致统计结果不能反映人心理本来的面貌。在心理学的研究中,切忌采取主观臆测和单纯内省的方法,应根据客观事实来探讨人的心理活动规律。

(二)发展性原则

发展性原则指的是必须用发展的眼光研究婴幼儿的心理。婴幼儿的身心发展规律具有发展性的特点,因此在进行心理研究时不仅要了解已经形成的心理特点,更要关注那些刚刚萌芽的新的发展水平及其发展趋势。研究者需要从婴幼儿的心理发展、家庭环境和教育条件变化等不同方面,揭示心理发生和发展的规律。例如,2岁的幼儿因从家庭的环境过渡到托育机构而出现分离焦虑,这时研究者不能盲目地断定所有的幼儿在此年龄阶段的分离焦虑水平,因为在入托后1~2个月,幼儿这种因分离而产生的哭闹情绪会明显减少,甚至完全消失。因此,研究婴幼儿的心理发展需要结合研究被试的环境特点进行结果分析。发展性原则还要求研究者要以动态的观点来分析和研究婴幼儿的心理行为活动,切不可用僵化的、静止的观点。

(三)伦理性原则

婴幼儿心理研究中要贯彻伦理道德的要求,这也是研究者必须遵循的职业道德。这个原则对0~3岁的婴幼儿尤为重要,因为此时的婴幼儿年龄太小,还没有能力表达自己的想法、不适和诉求,对婴幼儿的身心伤害可能会影响其一生的发展。因此,从设计研究方法、安排时间到研究者的举止行为,都必须考虑对婴幼儿的心理可能产生的影响。比如,曾经有心理学家为了研究遗传、环境在儿童心理发展中所起到的作用,从孤儿院找了一些儿童,使其处于与人隔离、相对封闭的环境中。可以想象,该研究严重影响了这些儿童的发展。虽然这些研究结果对实践具有一定的启示,也存在价值,研究材料更是独一无二,但是由于严重损害了被试儿童的身心健康,因而遭到了强烈的谴责。因此,在研究婴幼儿心理发展时,不能将自己的研究凌驾于婴幼儿的发展与教育之上,必须符合伦理性的要求,并配合伦理审查,确保对婴幼儿被试的研究达到国家要求的伦理原则,通过审查后才可以实施研究。

二、0～3岁婴幼儿心理发展研究的基本方法

进行0～3岁婴幼儿心理发展研究使用的方法包括：观察法、心理测验法、访谈法、问卷法、作品分析法、实验法以及个案研究法等。由于0～3岁婴幼儿发展的特殊性，在实施中，每种方法的侧重点和使用要求各有不同，也各有优缺点。在确定使用哪一种或几种方法来进行研究时，应考虑到研究方法需要适应婴幼儿的年龄特征。

（一）观察法

观察法是指在自然的或实验室设定的环境中，观察人员通过感官或者一定的仪器设备，有目的、有计划地观察婴幼儿的语言、行为等外部表现，判断与分析婴幼儿心理发展的规律和特征，以及探讨相关因素的方法。观察按照是否在自然情境下分为两种：①自然情境下的观察，也称为自然观察法；②在有控制环境下进行的观察，也称为实验室观察法。

观察法是研究婴幼儿心理发展最基本的方法。婴幼儿的年龄越小，其心理活动越具有非随意性和外显性，语言和外部表现都有局限性，可以通过观察其外部行为和表现在一定程度上了解其心理活动。同时，观察法应尽量在婴幼儿放松的状态下进行，观察对象处于正常的生活条件下，其心理活动及表现都比较自然，此时研究者就可以通过观察获得比较真实的资料。例如达尔文的《一个婴儿的传略》和陈鹤琴的《儿童心理学之研究》都是主要通过观察法收集资料完成的，使用了长期的、全面的观察方法。

观察者使用观察法前，要求有一定的技术训练。运用观察法研究婴幼儿心理时应注意以下几点。

1.观察前观察者要做好准备

观察者在进入观察场景之前必须做好多项准备，确认观察目标是其中最核心的任务，观察者必须清楚自己为什么而观察。除此之外，还必须思考以下问题：要重点观察哪个发展领域或者哪些行为（身体、动作、社会、语言等）；确定要花多长时间观察所选的行为（几分钟、一小时或者持续观察多久）；要观察谁（群体中的某个婴幼儿，一个群体，某个特殊的婴幼儿等）；怎样记录观察，是采用检核表，还是持续记录、叙述性描述等；打算如何解释所观察到的现象（根据特定的理论，还是根据情境中已经发生的事情）。

2.观察时尽量使婴幼儿保持自然状态

在制订观察计划时，必须充分考虑观察者对被观察婴幼儿的影响，要尽量使婴幼儿保持自然的状态，最好不让他们知道自己是观察对象。我们可以根据观察目的和任务的不同，采用局部观察或者参与性观察。局部观察主要是为了让婴幼儿不知道自己正在被观察，例如可以通过专门的观察窗或者单向玻璃来

进行观察和记录。参与性观察是观察者以某种身份参与到婴幼儿的活动中，在与婴幼儿的共同活动中观察他们。这种观察能够使婴幼儿表现自然，但应该避免使婴幼儿意识到自己正在被观察。

3. 观察记录要求详细、准确、客观

观察记录不仅要记录行为本身，还应该记录行为发生的前因后果。由于婴幼儿的心理活动主要表现于行动中，其自我意识水平和言语表达能力不强，因此必须详细记录，以便依靠客观材料进行分析。同时要注意的一点是，由于婴幼儿和成人的表达方式不同，要避免以成人的言语记录，可通过采用适当的辅助手段，比如录音、录像等，使记录准确、迅速。

4. 观察应该排除偶然性，一般在较长时间内系统地反复进行

由于婴幼儿心理活动的不稳定性，他们的行为表现出偶然性和突发性，因此对婴幼儿的观察一般要反复进行。

观察法是一种非常实用的方法，其最大的优点在于，能观测到许多用其他方法无法测量的行为，考察儿童的真实行为，避免其他研究方法中有可能发生的一些问题，比如不理解指示语、做出反应时喜欢取悦于人、以自我为中心的思维方式等因素的干扰，有利于研究者获得真实可靠的资料。同时，观察法也有其自身的缺陷，比如在日常的自然状态下无法控制刺激变量，使得观察者处于被动地位，对所研究的对象无法加以控制。此外，影响某种心理活动的因素是多方面的，因此难以对观察结果进行精确分析，且观察结果容易受到观察者本人的影响。

陈鹤琴的观察日记片段

(二)心理测验法

心理测验法是通过科学、客观、标准的测验手段对人的特定素质进行测量、分析、评价的方法。心理测量可以有三种方式：量表法、投射测验法和仪器测量法。但是由于0～3岁婴幼儿的特殊性，量表法是这个阶段最常使用的一种测量方法。心理测验法可以使用量表中的题项引发被测试者反应，记录所引发的反应结果，然后通过一定的方法进行处理，予以量化，描绘行为的轨迹，并对其结果进行分析。心理测验法不仅可以用于研究婴幼儿心理发展的个体差异，也可以用于了解不同年龄个体心理发展水平的一般特征。此外，测验人员必须受过专业训练，测验中要善于与婴幼儿合作，使其表现出真实的心理水平。心理测验法是研究个体心理特征和行为表现的主要工具，应用范围很广。心理测验法与问卷法类似，所不同的是，心理测验法所运用的工具是标准化程度很高的量表，而且它不再局限于文字形式，可以采用非文字形式(操作形式)进行测量。而问卷法主要是以文字形式来呈现并进行测量。适用于婴幼儿的心理测验量表有多种，有的测验量表能对婴幼儿多方面的心理发展状况进行测量和评价，例如丹佛发育筛查测验量表(Danver Development Screening Test，简称DDST)、贝利婴儿发育量表(Bayley Scales of Infant Development，简称BSID)等。有的测

验则只局限于单一方面的测量和评价，例如皮博迪运动发育量表（Peabody Developmental Motor Scale，简称PDMS），婴幼儿社会性情绪发展评估量表（Infant and Toddler Social-emotional Assessment，简称ITSEA）等。

1.心理测验的分类

（1）按测验的功能分类。常见的心理测验包括能力测验、学绩测验和个性测验。其中，能力测验包括测查个体实际能力的测验和测查个体潜在能力的测验；学绩测验主要用于测量个体经过某种正式教育或训练之后对知识和技能的掌握程度；个性测验主要用于测量个体的性格、气质、兴趣、态度等特征。

（2）按测验的目的分类。常见的心理测验包括描述性测验、诊断性测验和预测性测验。其中，描述性测验主要用于描述个人或团体的能力、性格、兴趣、知识水平等；诊断性测验用于对个人或团体的某种行为问题进行诊断；预测性测验则主要用于从测验分数预示个体将来的表现和所能达到的水平。

2.心理测验法使用过程中需要注意的问题

（1）测验前的准备，包括熟悉指导语、准备好测验所需材料、熟练掌握测验的具体实施程序等。

（2）选择适宜的测验环境，包括安静而宽敞的地点、适宜的采光和通风条件、避免他人干扰等。

（3）标准化的指导语与标准时限。

（4）与被试建立良好的协调关系，设法引起被试对测验的兴趣并取得其合作，使整个测验过程能严格按程序进行。

（5）主持测验的人应具备开展测验的基本条件，如口齿清楚、态度镇静、了解测验的实施程序和指导语、有严格控制时间的能力，并严格按测验手册上载明的实施程序进行测验等。

（6）应严格按测验手册上载明的方法记分和处理结果。

在实施心理测验法时还要注意两个基本要求：测验的信度和测验的效度。信度是指测验的可靠程度。效度是指一个有效测验所需要的心理品质的程度。为了保证心理测验的信度和效度：一方面要对某种心理品质进行深入的研究，如我们对智力或性格了解得越深入，那么相应的量表就会越完善；另一方面，在编制心理量表时要注意严谨性和科学性。

心理测验法的优点是明显的，比如制表科学、结果准确、可以大范围使用等，在较短时间内能够概括性地了解婴幼儿的发展状况。但是，它也存在一些缺陷，主要表现在难以揭示变量间的因果关系；测验所得到的往往只是被试完成任务的结果，不能说明过程，即无法反映婴幼儿思考的过程或方式；测验只做量的分析，缺乏质的研究；测验的题目也很难适应不同生活背景下的婴幼儿，同时，由于婴幼儿的心理活动有极大的不稳定性，任何一次测验的结果，都难以作为最终评定的依据。此外，测验在应用过程中存在一些明显的问题，比如测验的编制与修订不科学、不严谨，测验使用者缺乏专业训练，测验结果被误用等。

（三）访谈法

访谈法是通过谈话来了解婴幼儿心理活动的一种方法。在对0～3岁婴幼儿的评价中，访谈对象一般是婴幼儿的家长、教师和熟悉婴幼儿的主要照料者，也可以是能够基本流利地用语言与他人进行交流的幼儿，以便通过交谈来研究婴幼儿的各种心理活动。因为言语是人的心理活动的最重要外部表现之一，所以采用这一方法的时候，若谈话对象是幼儿，首先应当根据研究的目的和谈话对象的特点拟订谈话的话题和内容，谈话的话题和内容要求是幼儿能够回答和乐于回答的，同时研究者能从中分析出他们的心理活动。跟幼儿进行谈话的时候，必须随机应变，随时提出足以了解有关婴幼儿心理状态的具有灵活性而又恰当的问题。最后，谈话的过程和结果应当由研究者本人或共同工作者做详细的记录，如能用录音设备记录则更为方便、可靠。

1. 访谈法的分类

访谈法一般分为结构性访谈和非结构性访谈。

结构性访谈又称为标准式访谈，由访谈者按照事先设计好的访谈提纲依次向幼儿或其照料者提问。结构性访谈最显著的特点是标准化，能把调查过程的随意性控制在最小限度。优点在于便于量化，可做统计分析；调查资料的质量较好，可以比较完整地收集到研究所需要的资料；调查的回收率与应答率高；调查对象的适用范围广。同时，结构性访谈法也有其缺点：缺乏弹性，不利于发挥主动性；匿名性较差；调查费用高，耗时多；对调查员的自身要求较高。

非结构式访谈又称非标准化访谈（深度访谈或自由访谈），它是一种半控制或无控制的访问。在这种访谈中，事先不制订统一问卷和提问的固定程序，只是结合一个访谈主题与范围，由访问者与被访者就这个主题或范围进行比较自由的交谈。它的优点在于交流双方有较大的自由性和随意性，同时这种访谈的弹性比较大，能够根据需要灵活地转换话题，变换提问方式和顺序，追问重要的线索等，所以收集到的资料也更加深入和丰富。同时，非结构式访谈也有其缺点：对访问员要求较高；所获得的资料零散、繁杂、难以整理；访谈收集的信息主观性比较强；耗时长，工作量大，无法做大规模的调查。因此访谈法一般结合其他方法一起使用。例如，在进行正式的观察或者测验之前，进行一段访谈，可以了解婴幼儿的个人信息、家庭背景、早期或者近期的一些生活经历，以及当时参与的状态和心情等。

2. 访谈法使用过程中需要注意的问题

（1）友好的访谈态度。访谈双方见面，作为访谈的主动方应亲切，并做自我介绍。必要时幼儿的父母可以在场，以避免由于幼儿哭闹紧张而无法完成交流。

(2)充分的访谈准备。访谈前尽可能收集有关幼儿的材料,对其家庭背景、个性、兴趣、爱好等有所了解,分析准备的访谈材料是否符合幼儿的身心发展特点。例如,使用的话题图片、故事书、视频或者操作材料,幼儿是否可以理解。

(3)明确地提出问题。开门见山,用简洁明了的话语对幼儿提出易于回答的问题。提问的方式、用词的选择、问题的范围要适合幼儿的经验和年龄特点。追问的问题也尽量使用幼儿的语言,切勿使用复杂的专业术语。

(4)访谈记录要准确。要及时记录访谈内容,也可以用有关表格整理谈话;记录应尽可能详细,尤其是对于那些开放性问题和围绕主题展开的额外说明,要更加注意记录。例如,幼儿的表情、辅助语言的肢体动作等,这些细节对研究的分析也是很有帮助的。

(四)问卷法

问卷法是指根据研究目的,以书面形式把要调查的内容列成明确的问题,设计成问卷,通过研究对象的回答来收集有关研究对象的数据资料的一种研究方法。问卷法是测量人的行为和态度的心理学基本研究方法之一,使用非常普遍。在研究婴幼儿心理发展阶段时,问卷法往往是通过对婴幼儿的父母或者教师进行调查,以考察养育者(家庭的或者机构的)的态度或者行为对婴幼儿的心理发展可能产生的影响。

1.问卷法的优势

(1)问卷法节省时间、人力和体力,收集数据效率较高。目前比较流行的在线网络调查,能够在较短的时间内进行大规模的数据调查,而且不受天气、交通、地域等因素的限制。

(2)问卷法的结果比较容易量化,更容易统计、处理和分析。我们可以利用分析软件进行数据分析,非常简便。

2.问卷法的不足之处

问卷法也存在一些缺点或局限性,这是由问卷法的调查工具本身、调查过程等方面固有的属性所决定的。

(1)要精心设计问题,如果问题表达得不准确,便不能得到真实的回答。

(2)抽样时需要认真考虑样本的代表性。

(3)对于虚假回答难以辨别,导致所得结果不可信。

(4)客观事实非常复杂,问卷的测查能力有限。

(五)作品分析法

作品分析法是通过分析婴幼儿的作品来了解婴幼儿心理活动的一种方法。婴幼儿的作品种类很多,如日记、绘画、各种作业、工艺制作等。通过这些作品,可以分析婴幼儿某一方面的心理活动。如通过绘画的布局和色彩的使用,可以分析婴幼儿思维的发展;通过作品中出现频次较高的内容,可以分析婴幼儿的兴趣的发展。例如,有的幼儿在作品中常常把妈妈画得很美丽,有微笑的嘴巴,和自己手拉手等,这在一定程度上表明幼儿对母亲的依恋以及良好的母子关系。

在创造活动过程中,由于婴幼儿往往用语言和表情去辅助或者补充作品中不能表达的思想,因此进行作品分析时不能脱离幼儿的创造过程,否则将难以充分了解其心理活动,对幼儿作品的分析最好结合观察和实验进行。

(六)实验法

实验法是通过设计和控制婴幼儿的活动条件,以发现由此引起的心理现象有规律的变化,从而揭示特定条件与心理现象之间的联系。

儿童心理学中常用的实验法有两种:实验室实验法和自然实验法。

1.实验室实验法

实验室实验法是在具有特殊装备的实验室内,利用专门的仪器设备进行心理研究的一种方法。实验室实验法在研究出生头几个月的婴儿时被广泛运用。心理学家为了研究婴儿的某种心理想象,设计了特殊的装置,比如为了研究婴儿的深度知觉设计的"视崖实验"等。

实验室实验法最主要的优点是能严格控制实验条件,通过特定的仪器探测一些不易被观察到的情况,获得有价值的科学资料,同时实验结果客观、准确、可靠,便于进行定量分析。比如,用微电极技术研究新生儿对语音和其他声音刺激的辨别能力。缺点是实验情境人为性较强,脱离生活实际,而且实验室条件本身往往会使婴幼儿产生不自然的心理状态,使得实验结论难以推广到日常生活中去。此外,实验室实验法难以研究道德、情感、社会性发展等较复杂的心理现象。

2.自然实验法

自然实验法是在婴幼儿的日常生活、游戏、学习和劳动等正常活动中,有目的、有计划地创设或改变某种条件,以引起并研究其心理的变化的一种方法。

比如在正常的教育活动中,要求不同年龄班的幼儿讲述相同的图片,以分析各年龄幼儿观察的基本特点,从中发现幼儿观察能力发展的趋势。

自然实验法的整体实验情境是自然的,因此被试往往可以保持正常的状态,实验获得的结果也比较真实,这与观察法相同。自然实验法的不足之处在于强调在自然的活动条件下进行实验,难免出现各种不易控制的因素,不如实验室实验法控制得那么严格。而它与观察法的不同之处是研究者可以对某些条件进行控制,避免研究者处于被动的地位。因此,自然实验法兼具观察法和实验室实验法的优点,成为研究婴幼儿心理的主要方法。

在运用教育心理实验法研究婴幼儿时，通常采用实验组与控制组的实验设计。教育心理实验法其实是把儿童心理研究与教育过程结合在一起的方法，它既可以为教育改革服务，也可以为促进儿童发展服务。

（七）个案研究法

个案研究法是指通过调查、访谈、观察和测查测验等方法获得单个被试心理功能的完整资料的方法。运用个案研究法通常要建立心理档案，收集被试的心理发展资料（如智商、气质等）和背景资料（比如家庭结构、父母教育水平、个人的经历等），并对个体进行跟踪研究，在心理档案中不断积累新的资料。

这种研究方法有利于研究者更加深刻地了解婴幼儿个体心理发展的成长背景和成长现状，从中获得关于个体各种心理功能的完整资料，并根据所收集的资料解释个体心理发展的原因，对个体心理发展的前景做出判断。

个案研究法因其研究内容广泛、收集资料手段的多样化而使研究过程更加深入。在运用其他方法进行的成组研究中，研究者往往是在确定的和一个较短的时间内系统收集研究对象的有关资料，研究内容是专题性的，而且是静态的，这往往使研究过程不易深入。而个案研究则经常就选定的研究对象进行全面的研究，综合运用多种研究手段系统地收集有关资料，使研究者在时空上有条件对研究对象进行多方位、多层面和多维度的研究，既可以对研究对象做静态的分析诊断，也可以做动态的追踪，使得研究活动深入透彻、针对性更强。

学习评价表

主题	内容	优秀	良好	一般	较差	很差
学习态度	能准时参加全部课程，按时提交作业，及时查阅教师上传的学习材料	5	4	3	2	1
专业知识	理解0～3岁婴幼儿心理发展研究的基本原则、方法	5	4	3	2	1
研讨精神	积极参与讨论，对其他人的发言能提出合理的分析和见解	5	4	3	2	1
团队协作	能很好地融入课堂小组讨论，共同推进学习进程	5	4	3	2	1
沟通交流	能够清晰准确地表达自己的观点，与他人交流时态度语气恰当	5	4	3	2	1
人文素养	能够关注人文社科知识，有意识地树立职业精神	5	4	3	2	1
信息素养	会检索常见的婴幼儿保教专业文献数据库，主动阅读相关文献	5	4	3	2	1
实践应用	能比较与使用有关0～3岁婴幼儿心理发展的研究方法	5	4	3	2	1

推荐阅读

1. 杨宁. 动作和运动在儿童早期心理发展中的作用[J]. 体育学刊, 2005(2): 43-46.

2. 贾艳. 1~3岁婴儿动作发展研究[D]. 太原: 山西大学, 2013.

项目小结

0~3岁婴幼儿心理发展总体特点具有普遍性和个体差异性、连续性和阶段性、整体性和不均衡性。这个阶段的婴幼儿心理发展包括动作、认知、语言、情绪、个性和社会性等方面，每个方面都有其发展目标、内容和特点。0~3岁婴幼儿心理发展的研究遵循客观性原则、发展性原则和伦理性原则。0~3岁婴幼儿心理发展研究的主要方法有观察法、心理测验法、访谈法、问卷法、作品分析法、实验法和个案研究法。

思考与练习

1. 0～3岁婴幼儿心理发展的总体特点有哪些？

2. 0～3岁婴幼儿心理发展研究的主要方法及相应优缺点有哪些？

3. 观察一名婴幼儿的绘画作品，试分析其心理发展特点。

项目一答案

实践实训

参考下面观察记录的样本，在见习期间或日常生活中(商场、游乐场所、餐厅等)观察一名婴幼儿的活动，写出有哪些心理活动，并做简单分析。

观察时间：

地点：

人物：

观察内容：语言、动作、社会性情感等

观察过程：

分析：

教育措施：

教育反思：

项目二

0~3 岁婴幼儿心理发展的生理基础与教育的理论研究

项目目标

1. 了解 0 ~ 3 岁婴幼儿心理发展的生理基础。
2. 理解 0 ~ 3 岁婴幼儿心理发展不同理论流派的基本观点。

学习重难点

学习重点：
1. 了解 0 ~ 3 岁婴幼儿心理发展的生理基础。
2. 理解 0 ~ 3 岁婴幼儿心理发展不同理论流派的基本观点。

学习难点：
理解 0 ~ 3 岁婴幼儿心理发展理论流派的基本思想。

思维导图

- 0~3岁婴幼儿心理发展的生理基础与教育的理论研究
  - 0~3岁婴幼儿心理发展的生理基础概述
    - 0~3岁婴幼儿心理发展的生理基础概念
    - 0~3岁婴幼儿心理发展的生理基础相关内容
  - 0~3岁婴幼儿心理发展与教育的理论研究
    - 0~3岁婴幼儿心理发展与教育的理论研究总体方向与发展
    - 0~3岁婴幼儿心理发展与教育的理论研究

任务一

0~3岁婴幼儿心理发展的生理基础概述

任务描述

理解并掌握生理基础对0~3岁婴幼儿心理发展的意义及价值，分析生理基础在0~3岁婴幼儿心理发展中的作用。

任务准备

1.准备工作表单1。

2.准备案例和工作表单2。

操作流程

工作表单1

小组交流展示

0~3岁婴幼儿心理发展包括哪些方面的发展？

工作表单2

案例分析

2岁宝宝苹果在和父母去看了儿童剧场《胡桃夹子》后，非常高兴，过了很长时间都还记得英勇无敌的胡桃夹子。

你认为小朋友苹果的记忆为什么会发生？影响婴幼儿记忆发展的因素有哪些？

任务分析

掌握生理基础在0~3岁婴幼儿心理发展的意义及价值，深入学习生理基础在0~3岁婴幼儿心理发展中的作用。

学习支持

一、0～3岁婴幼儿心理发展的生理基础概念

(一)什么是发展和心理发展

1.发展的概念

发展是指生命的持续变化。发展区别于变化,发展强调更新,变化则强调取而代之。

2.心理发展的概念

心理发展是指从不稳定到相对稳定这一阶段所发生的一切积极心理变化,心理发展强调心理变化所具有的年龄阶段特征。那么0～3岁婴幼儿心理发展因其年龄的特殊性,具有基础性。瑞士心理学家皮亚杰认为心理发展是主体与客体相互作用的结果。本章节重点介绍内因中的生理因素。

(二)什么是生理基础

生理基础是指构成人体的结构及各个系统的因素。影响婴幼儿心理发展的生理基础有很多,总结起来主要是遗传因素,具体包括机体的结构、形态以及感官和神经系统的特征。

二、0～3岁婴幼儿心理发展的生理基础相关内容

(一)遗传

1.遗传的概念

遗传包括遗传相关物质的复制、变异、传递。作为人这一物种,遗传带来与生俱来的构造、形态、神经等生理特征。关于遗传,可以了解到遗传带来的繁衍有一定程度的决定性。

2.遗传与婴幼儿心理发展

(1)遗传素质是婴幼儿心理发展的生物前提,为婴幼儿心理发展提供平台。

遗传素质有缺陷的,后天的环境因素也不能修正这一问题。例如,孩子先天脑瘫,与智力相关的发展就不能进行。所以,这一前提,不可否认,却也不能过于夸大,需要看到遗传素质的中立地位。

(2)遗传素质是婴幼儿心理发展的最初基础。

遗传素质的差异性让婴幼儿个性心理发展成为可能。例如,体格健壮的孩子,以后更可能成为运动员。同时研究表明,婴幼儿的个性稳定性、性格内外向等,主要是遗传因素决定的。婴幼儿心理发展具有明显的性别差异,女婴幼儿在自控力发展方面更高于男婴幼儿。

婴幼儿个性的发展包括自我意识、气质、性格等。其中婴幼儿气质发展受到遗传因素影响的比例是20%～60%。遗传基因主要影响婴幼儿是否负面情绪较多,是否易受环境的困扰。由遗传带来的不同血型也对婴幼儿性格发展有着一定的影响。研究表明,A型的人易于神经质,B型的人攻击性不强,AB型的人支配性强,O型的人较为倔强。

(3)遗传素质成熟程度的发展不平衡性。

婴幼儿心理发展过程的表现,能够帮助了解遗传素质成熟程度的发展不平衡性。细化婴幼儿心理发展表现,能够看到遗传素质的成熟程度制约着婴幼儿语言智能、数理逻辑智能、空间智能等。

(二)围生期

1.围生期的概念

围生期是指从怀孕28周到产后一周这一重要时期。

2.围生期与婴幼儿心理发展

围生期及母体身体机能因素对婴幼儿心理发展有着举足轻重的作用。母体为胎儿提供所需要的一切营养。母亲的年龄、是否接触有害物质、饮食、健康状况及生活习惯都会影响胎儿的外貌、智力、器官及机能的生长发育。例如:孕妇食用安定药等药物会使胎儿发育迟缓。胎儿各项机能能否发育完善,对后续心理发展很重要。所以,需要重视孕期的胎教、保持心情的愉悦、实施健康的饮食及避免情绪的悲伤,从而促进胎儿的各机能生长发育。

(三)脑发育

1.大脑发育与婴幼儿心理发展

大脑是个体心理发展的物质基础。相关大脑发育学说证实,0~3岁婴幼儿期是大脑发育的高峰期。高效利用这一时期,促进大脑的发育,进而能深层次地影响婴幼儿心理发展。

2.促进婴幼儿大脑发育

为婴幼儿提供丰富蛋白质、愉快的氛围,可以促进婴幼儿大脑的发育,把握好和利用好婴幼儿心理发展的关键期。避免摄入过多甜食,加强交流,睡眠足量,也可以提高大脑工作效率。

(四)神经系统

1.神经系统与婴幼儿心理发展

神经系统的发展为婴幼儿心理发展提供了物质基础。新生儿睡眠时间长达20多个小时,是因为新生儿大脑的脑回、脑沟还没有完全形成。大脑皮质兴奋度低,大脑皮质的兴奋与抑制过程发展的不平衡让婴幼儿出现对事物注意的强度低,动作不精细等现象。但脊髓和脑干已发育成熟,这两者关乎着婴幼儿自主神经,婴幼儿自主神经的发展影响生理机能,使其容易受到情绪的影响。婴幼儿从1岁左右开始步履蹒跚,到3岁时蹦蹦跳跳,是因为小脑的发育相对较晚。随着婴幼儿年龄的增长,神经系统慢慢发展得很完善,婴幼儿就会开始建立相关的条件反射,条件反射是高级神经活动的基本调节方式,是一种生理活动。条件反射的建立与婴幼儿情绪的产生有着很大的联系,婴幼儿能够对一级信号和二级信号产生同样的生理反应。这样通过对婴幼儿进行条件刺激,就会影响情绪的产生与迁移,对婴幼儿良好性格与人格的形成起到正确的引导作用。

2. 促进婴幼儿神经系统的发展

首先，需要关注新生儿出生的体重。研究表明，新生儿出生的体重与新生儿生长发育诊断相关。较早地对新生儿的生长发育进行干预，十分重要。其次，要保证充足的睡眠，良好的生活环境，规划生活节奏，避免大脑过度消耗。最后，营养均衡，丰富的营养物为细胞提供养料。

（五）成熟

1. 成熟的概念

通常意义上，生理成熟的概念是指个体的生长发育，包括结构和机能。美国心理学家格赛尔的成熟论中提出，成熟是指通过基因指导发展过程的机制。他更强调婴幼儿内在认知建构模式的成熟。总而言之，成熟是发展到了一定的阶段。

2. 生理成熟与婴幼儿心理发展

人的心理发展是基因和环境共同作用的结果

生理成熟是婴幼儿心理发展的重要生理基础，是心理发展的条件，是推动婴幼儿心理发展的主要动力。但是，这一条件如果没有环境与教育的外在支持，婴幼儿的心理发展也不会实现。格塞尔的同卵双生子爬梯实验提供了实证性证据。结合先天论，心理的发展是生理基础成熟的结果。按照基因发展顺序，成熟支配着每一个阶段，婴幼儿先依靠别人，再独立。这一观点，可以用来理解婴幼儿的依恋关系。研究表明，早期教育可以改善0～3岁婴幼儿的精神、语言等方面的发展，其中包括抚触、按摩、亲子间的早期教育等。

学习评价表

主题	内容	优秀	良好	一般	较差	很差
学习态度	能准时参加全部课程，按时提交作业，及时查阅教师上传的学习材料	5	4	3	2	1
专业知识	掌握生理基础在0～3岁婴幼儿心理发展的意义及价值	5	4	3	2	1
研讨精神	积极参与讨论，对其他人的发言能提出合理的分析和见解	5	4	3	2	1
团队协作	能很好地融入课堂小组讨论，共同推进学习进程	5	4	3	2	1
沟通交流	能够清晰准确地表达自己的观点，与他人交流时态度语气恰当	5	4	3	2	1
人文素养	能够关注人文社科知识，有意识地树立职业精神	5	4	3	2	1
信息素养	会检索常见的婴幼儿保教专业文献数据库，主动阅读相关文献	5	4	3	2	1
实践应用	能够针对0～3岁婴幼儿心理发展的外在表现，分析生理基础的作用	5	4	3	2	1

任务二

0～3岁婴幼儿心理发展与教育的理论研究

任务描述

掌握0～3岁婴幼儿心理发展与教育的理论研究的内容及发展趋势，增加婴幼儿心理发展领域的专业知识，跟进该领域相关研究。能够明确理论研究对实践的指导意义。

任务准备

准备工作表单。

操作流程

工作表单

小组讨论

描述华德福教育中有关0～3岁婴幼儿心理发展与教育的论述。

任务分析

了解0～3岁婴幼儿心理发展与教育的理论研究内容及发展趋势，明确其对于实践的指导意义。

学习支持

一、0～3岁婴幼儿心理发展与教育的理论研究总体方向与发展

自古就有“三岁看大，七岁看老”这样一种说法，可见婴幼儿的心理发展及教育理论的研究具有尤为重要的作用。随着科学研究的发展，人们对0～3岁婴幼儿的教育更为关注，纵观我国的相关研究发现，自1993年以来，我国学前儿童心理学研究呈上升趋势，研究重点关注婴幼儿心理健康状况和心理健康教育情况。同时，注重在理解、掌握学前心理学知识的基础上科学地处理学前教育中出现的实践问题，从而利用学前教育促进婴幼儿的心理发展。

二、0～3岁婴幼儿心理发展与教育的理论研究

（一）教育遵循心理发展

卢梭认为，大自然为儿童安排好了发展秩序。美国心理学家格赛尔认为，儿童的生理和心理都是按照一定的基因顺序发展的，教育要遵循儿童成长的规律。按照一定的周期，给予适当的教育指导。认知发展的心理学派代表人物皮亚杰认为，教育应顺应儿童的认知发展顺序，调动儿童的主观能动性。婴幼儿需要参与到各项活动中，以游戏和探索式为主的方式学习，知识才能被理解，教育才能有效。

我国北京师范大学教授庞丽娟提出了儿童发展指导对儿童发展的优势，其中指导包括情感、行为等指导。

（二）教育促进心理发展

对新生儿心理发展的相关研究，自2002年以来有了较大的发展。相比之前研究者用观察法来揭示新生儿相关的心理活动，随着现代科学技术的发展，更多地借助各种仪器及科学量表对新生儿的心理发展进行检测，激发更丰富的心理潜能。不仅对新生儿，甚至是对胎儿的心理活动也有一定的了解。很多研究认为，孩子在胎儿时期就有了和母亲相关的一些记忆。胎儿出生后会对孕期经常听到的音乐有熟悉感，让胎儿感到安全。研究者对新生儿心理能力的研究，使得人们逐渐开始关注新生儿的教育问题。新生儿的教育应从0岁开始，为了保证婴幼儿心理健康发展，最开始的教育应是为其提供一个适宜的环境。其次，提供一定的外界刺激促进新生儿的发展。例如，新生儿能够通过各种感官主动认识客观世界，所以通过新生儿最熟悉的妈妈对新生儿进行视觉和听觉的刺激，能更好地促进新生儿大脑和神经系统的发育。妈妈可以通过与新生儿的拥抱、触摸让新生儿获得自信。

教育应当从新生儿开始。《中国儿童发展纲要（2021—2030）年》提出：加强对家庭和托育机构的婴幼儿早期发展指导服务。婴儿的心理发展与亲子关系有很大的关系，这也是婴儿心理发展的特点。婴儿心理的发展是在与环境相互作用中产生的。母亲是婴儿认识客观世界最主要的媒介，能够为婴儿提供安全感，让婴儿获得积极的心理发展，使婴儿积极主动，敢于探索。婴儿时期，婴儿的行为是否能够得到回应，得到什么性质的回应，都是促进婴儿心理发展的重要因素。例如：婴儿不同含义的哭声没有得到成人相应的回应，婴儿就会逐渐变得更撕心裂肺，甚至消极。这样，不利于婴儿情绪的理解与调节。相比婴儿其他心理活动，婴儿的感知觉是发展最快、最早的。在对婴儿进行教育中，让婴儿看到鲜艳的图片和听到优美的声音，婴儿的感知觉就会得到发展。在与婴儿互动过程中，应用积极的态度养育婴儿，促进婴儿情绪情感的发展。有研究表明，早期教育能够增加婴幼儿的代谢，促进婴幼儿的生长发育。其中早期教育中的抚

触对婴幼儿触觉发展有深刻的影响,为婴幼儿之后建立良好情感及人格奠定基础。总之,在婴儿时期,增进亲子之间的关系是促进婴儿心理发展的基础。

《卡尔·威特的教育》一书揭示了教育对幼儿发展的重要作用,幼儿的天赋加上后天的教育才能够成就一个人最终的发展。赫伯尔特的研究表明,幼儿心理发展的理论知识对幼儿的教育能够起到全方位的指导作用。维果茨基提出的"最近发展区"揭示了教学的本质是激励未成熟的心理机能。心理机能从低级发展到高级,高级的心理机能是内化的结果。儿童的学习是将知识内化到自身的认知结构之中,将新知识与旧知识进行融合,建构更新认知结构。苏联心理学家列昂杰夫指出儿童的心理发展是在教育教学中产生的。儿童在与环境相互作用的过程中,获得相关知识。继维果茨基之后,另一位心理学家达维多夫提出了发展性教学,教学作用于儿童心理发展的潜在水平,儿童通过相关活动获得个性发展。维果茨基主要研究儿童发展与教育,认为教学和发展之间的关系是促进,教学促进发展。

我国教育思想家颜之推的《颜氏家训》也对幼儿早期教育的重要性进行了相关的说明。陈帼眉等作者在《学前儿童发展心理学》一书中描述到实物活动对0~3岁婴幼儿心理发展的意义,通过实物活动可以锻炼幼儿思维这一重要心理机能。

(三)教育干预心理发展

了解婴幼儿心理发展的规律,不仅要做到有针对性的指导,还要做到提早进行干预,让教育在婴幼儿心理发展的轨迹中起到至关重要的作用。教育干预是一系列有目的、有计划的,超乎常规教育之外的促进心理发展的教育。研究表明,教育干预基于婴幼儿心理发展的动力。著名儿童心理学家皮亚杰认为,在环境和教育的影响下,人会形成不同的心理结构。美国心理学家班杜拉认为,强化的行为训练是儿童观察学习的一个条件。赵倩的《1~2岁儿童神经心理干预研究》中发现,改进的儿童保健模式更有利于提高儿童神经心理发育水平,对女童的神经心理发育影响更为显著。总之,常规教育之外的干预性教育更具有个性化指导,更能够促进婴幼儿心理发展。

研究表明,教育的干预可以让遗传类的一些特征有效改变,其中,包括婴幼儿的人格和气质。

学习评价表

主题	内容	优秀	良好	一般	较差	很差
学习态度	能准时参加全部课程,按时提交作业,及时查阅教师上传的学习材料	5	4	3	2	1
专业知识	掌握0~3岁婴幼儿心理发展与教育理论研究的内容及发展趋势	5	4	3	2	1

续表

主题	内容	优秀	良好	一般	较差	很差
研讨精神	积极参与讨论，对其他人的发言能提出合理的分析和见解	5	4	3	2	1
团队协作	能很好地融入课堂小组讨论，共同推进学习进程	5	4	3	2	1
沟通交流	能够清晰准确地表达自己的观点，与他人交流时态度语气恰当	5	4	3	2	1
人文素养	能够关注人文社科知识，有意识地树立职业精神	5	4	3	2	1
信息素养	会检索常见的婴幼儿保教专业文献数据库，主动阅读相关文献	5	4	3	2	1
实践应用	能够根据0～3岁婴幼儿心理发展与教育理论的内容，指导实践活动	5	4	3	2	1

推荐阅读

陈帼眉，冯晓霞，庞丽娟.学前儿童发展心理学[M].北京：北京师范大学出版社，2013.

项目小结

总的来说，生理基础在0~3岁婴幼儿心理发展中有着重要的基础性作用。但是，过于夸大生理基础的作用，只会让婴幼儿心理发展受到阻碍。教育作为婴幼儿心理发展过程中一项重要因素，需要厘清它与心理发展的关系维度。让教育更高效地为婴幼儿心理发展做出成效。同时，关注教育与婴幼儿心理发展的理论进程是指导实践教学最有利的途径。

思考练习

1.0~3岁婴幼儿心理发展的生理因素有哪些？

2.0~3岁婴幼儿的生理基础对其心理发展有哪些影响？

3.发展的本质是什么？

4.简述皮亚杰关于婴幼儿心理发展的论述。

项目二答案

实践实训

尝试在儿童心理干预中心做一次观察计划，观察孤独症儿童的实际表现，分析出心理发展的特点及原因。

1.观察时间：

2.观察内容(包括：语言、生活习惯及社会交往能力)：

3.结论：

项目三

0~6个月婴儿的心理发展与教育

项目目标

1. 理解0～6个月婴儿心理发展的价值与重要性。

2. 掌握0～6个月婴儿心理发展的教育内容与教育特点。

3. 能在早教/托育机构和家庭中进行0～6个月婴儿教育活动设计与指导。

学习重难点

学习重点：

掌握0～6个月婴儿心理发展的教育内容与教育特点。

学习难点：

设计适合0～6个月婴儿发展特点的教育活动。

思维导图

- 0~6个月婴儿的心理发展与教育
  - 0~6个月婴儿的心理发展与教育内容
    - 0~6个月婴儿的感觉发展
    - 0~6个月婴儿的动作发展
    - 0~6个月婴儿的语言发展
    - 0~6个月婴儿的社会性发展
  - 0~6个月婴儿的心理发展与教育特点
    - 0~6个月婴儿的感觉发展的观察方法
    - 0~6个月婴儿的动作发展的特点
    - 0~6个月婴儿的语言发展的特点
    - 0~6个月婴儿的社会性发展的特点
  - 0~6个月婴儿的教育活动设计与指导
    - 0~6个月婴儿的感觉的发展训练
    - 0~6个月婴儿的动作的发展训练

任务一

0~6个月婴儿的心理发展与教育内容

任务描述

掌握0~6个月婴儿心理发展过程，理解其心理发展的规律和特点，并能够根据0~6个月婴儿的行为表现分析其心理发展特点。

任务准备

1.准备工作表单1。

2.准备案例和工作表单2。

操作流程

工作表单1

小组讨论

0~6个月婴儿心理发展有哪些特点？

工作表单2

案例分析

小米2个多月了，最近小米妈妈和小米奶奶总是就“要不要给宝宝听音乐、唱儿歌、说说话”等问题而争吵。小米妈妈认为：多对宝宝进行声音刺激能够提高宝宝接下来的发音水平。小米奶奶认为：宝宝这么小，他不会听，没必要做这么多事情。

你赞同谁的观点？为什么？

任务分析

以小组合作的形式，认真思考，多渠道搜集文献资料、实践案例，总结概括出0～6个月婴儿心理发展的过程，熟记其心理发展的规律和特点。

学习支持

一、0～6个月婴儿的感觉发展

（一）视觉

0～6个月婴儿视觉发展主要从视觉集中、视敏度、颜色视觉三个方面体现出来。

1. 视觉集中

新生儿的视觉调节能力很差，刚出生时其目光不能停留在任何物体上，视觉的焦点也很难随客体远近的变化而变化。

年龄	视觉集中时间	视觉集中距离	视觉追随范围	眼球追随范围
出生后的第3周	5秒钟	远处1~1.5 m物体可以引起注视，但只能清晰反映距离眼睛20 cm的物体	眼水平线30°左右和垂直线上10°左右	飞快地扫视，双眼协调比较困难，可能出现暂时性斜视
第2个月		清晰反映距离眼睛12.5 cm的物体	平躺时垂直、水平范围60°左右	追随缓慢运动的物体，一旦目标移动过快，视觉追随出现跳动
第3个月	视觉集中时间达到7~10分钟	远端物体注视的距离可达到4~7 m，清晰反映距离眼睛7.5 cm的近物	平躺时垂直、水平范围90°左右	目光追随物体做圆周运动，出现目光主动搜索物体现象
5个月起		注意更远距离的物体，如街上的汽车、建筑物的灯	平躺时垂直、水平范围180°左右	成人水平

2. 视敏度

新生儿的晶状体不能变形，难以对视觉对象进行有效的聚焦，视力很弱。婴儿的视力在20/150~20/290之间。婴儿的视力改善极其迅速，出生后半年是儿童视力发展的关键期，6个月婴儿的视敏度相当于成人的20%，2岁时接近成人水平。

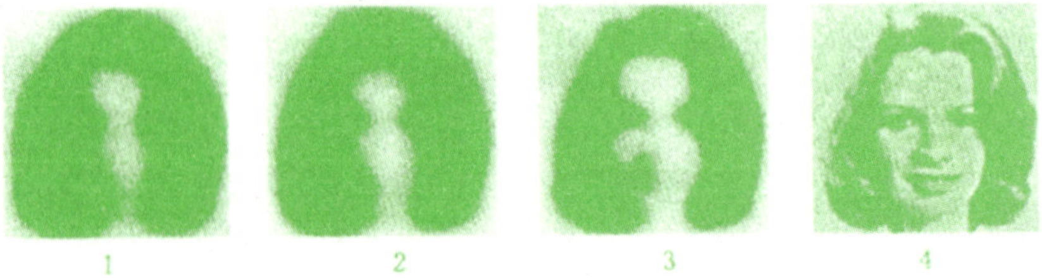

图3-1 婴儿视觉发展

3.颜色视觉

颜色视觉即辨色力，是指区别颜色细微差异的能力。婴儿三四个月就能分辨彩色与非彩色，红颜色特别能引起儿童的兴奋；婴儿最喜欢波长较长的温暖色，如红色、橙色、黄色，不喜欢波长较短的冷色，如蓝色、紫色，喜欢明亮的颜色，不喜欢暗淡的颜色。颜色视觉基本功能已接近成人，并表现出对某些颜色的偏爱，他们偏爱的颜色依次为红、黄、绿、蓝等。

（二）听觉

听觉是婴儿从外部获取信息，认识和适应环境的重要手段。听觉的发展包括听觉辨别能力，语音感知，音乐感知，视听协调能力。5~6个月的胎儿开始建立听觉系统，新生儿已具备了辨别不同音量、长短、方向以及频率的声音的能力，这表明他们的听觉已经有了相当好的发展。听敏度的发展是指听觉器官对声音刺激的反应，新生儿的听觉敏感度就达到成人的水平。婴儿对音乐的感知能力从出生的时候就开始，2个月时就可以躺着听音乐，3~4个月时能区分音高，6个月左右能区分简单的曲调。

（三）触觉

触摸觉是皮肤觉和运动觉的结合，对儿童的动作和心理发展，都有很重大意义。母体中的胎儿在四至五个月就已经建立了触觉反应，新生儿出生时触觉的敏感性就已经发展得很好了。新生儿触觉已很发达，身体不同部位受刺激就会做出不同反应。其中对触觉刺激最为敏感的部位有嘴唇、手掌、脚掌、前额和眼睑。婴儿出生就有触觉反应，如母亲的乳头接触到婴儿的嘴或脸颊时，他会做出觅食和吸吮动作，抚摸可以让他停止哭泣等。触觉也是婴儿最初获得外部环境知识的一种方式，这对婴儿的早期认知发展有着关键作用。

（四）味觉、嗅觉

味觉在胚胎三个月时已发育，出生时味觉发育已相当完好，味觉是新生儿出生时最发达的感觉。新生儿具有味觉偏爱，明显偏爱“甜食”，对酸、甜、苦、白水的味道已有不同的表情反应，如尝到“甜”时会有满意的表情，尝到“苦”时会皱眉、厌恶或拒绝等。婴儿在出生最初几天就存在味觉的性别差异，女婴比男婴更喜欢甜味。

新生儿已能区分好几种气味。新生儿对气味的空间定位也相当敏感，他们回避令人不愉快的气味的次数要多于朝向这种气味的次数。新生儿出生后就有了嗅觉与味觉反应，如闻到母乳的香味就会将头转向母亲奶头。3~4个月，婴儿就能稳定区别不同的气味，如母亲的体味、配方奶的香味等。

二、0～6个月婴儿的动作发展

(一)先天反射性动作

先天反射性动作亦称非条件反射动作,是人生来就有的,是一种比较低级的神经活动,由大脑皮层以下的神经中枢参与完成。如膝跳反射、眨眼反射、吮吸反射等。

1.原始反射动作

(1)抓握反射:3～4个月消失。

(2)吮吸反射:1岁后消失。

(3)莫罗反射:又称惊跳反射,4个月左右消失。

(4)巴宾斯基反射:8~12个月消失。

(5)强直性颈部反射:3个月左右消失。

2.姿势反射动作

(1)踏步反射:在新生儿出生后不久出现,6～10周消失。

(2)游泳反射:6个月后消失,直到8个月后,婴儿才拥有有意识的游泳动作。

(3)平衡反射:是以平衡器官的活动为中介的姿势反射,终生存在。

(二)粗大动作

粗大动作一般指的是牵涉大肌肉群的活动,婴儿早期的翻身,以及后期的爬行、行走、跑、跳等都是粗大动作。

0～2个月,俯卧时会转头;仰卧时手脚会乱动,且两脚会在空中交互踢。

3～5个月,俯卧时会用手肘支撑,将头、胸部抬高;可以从俯卧翻身至仰卧。

6～8个月,坐在椅子上身体会挺直;仰卧时头会抬高;被扶着腋下能站立。

(三)精细动作

个体手部的精细动作能力是指个体凭借手以及手指等部位的小肌肉或小肌肉群的运动,在感知觉、注意等心理活动的配合下完成特定任务的能力,它对个体适应生存及实现自身发展具有重要意义。

0～1个月,有抓握反射。

1～2个月,出现有意识的抓取。

2～3个月,抓握时间延长,两只手会搭在一起。

3～4个月,手眼不协调,拿不到眼睛看到的物体。

4～5个月,能碰触到物体,但不能抓起。

5～6个月,能用手臂圈住物体,再在另一只手或胸部的支撑下使物体离开支持表面,但不是真正意义上的“抓握”动作。

三、0～6个月婴儿的语言发展

0～6个月属于婴儿的语言准备阶段(或前语言阶段),包括语言产生和理解两个方面的准备。哭是最早发音,是以后发音的基础。然后是发音,婴儿会自发地无目的地发出一些声音,有些声音近似成人的说话声。

0～3个月，特点为发声练习，比如哭为表达其身体状况，引起注意，从哭声到咕咕发音（“gu咕”和“ku枯”）和元音（例如“o－u哦呜”）。

2～3个月会主动发出笑声，并与成人应答。

4～5个月能无所指地发ma、ba声音。

四、0～6个月婴儿的社会性发展

0～6个月的婴儿通过哭、笑、肢体动作和一些表情对外界做出反应，这种交往技巧主要是先天遗传。此外，婴儿之间的交往也是很早就建立了，只是看似具有很强的生物保护本能。

两周的新生儿就能区别出母亲和别人心跳的不同。

3～4周起，婴儿开始出现无选择的社会性微笑。

一个两个月以内的婴儿哭，另一个或者另一些婴儿也会一起哭，这是一种声援、同情，或者叫响应。

3个月左右的婴儿就能发出声音、特殊的婴儿式的“迷人的微笑”，从而激发他人的好感。

5～6个月起，婴儿的微笑开始具有社会性，一个婴儿哭，另一个婴儿会注视甚至抚慰他。

学会翻译婴儿的哭声

学习评价表

主题	内容	优秀	良好	一般	较差	很差
学习态度	能准时参加全部课程，按时提交作业，及时查阅教师上传的学习材料	5	4	3	2	1
专业知识	掌握0～6个月婴儿心理发展的过程和规律	5	4	3	2	1
研讨精神	积极参与讨论，对其他人的发言能提出合理的分析和见解	5	4	3	2	1
团队协作	能很好地融入课堂小组讨论，共同推进学习进程	5	4	3	2	1
沟通交流	能够清晰准确地表达自己的观点，与他人交流时态度语气恰当	5	4	3	2	1
人文素养	能够关注人文社科知识，有意识地树立职业精神	5	4	3	2	1
信息素养	会检索常见的心理学、婴幼儿保教专业文献数据库，主动阅读相关文献	5	4	3	2	1
实践应用	能够根据0～6个月婴儿的行为表现进行具体分析	5	4	3	2	1

推荐阅读

1. 张骞.学前心理学[M].重庆：西南师范大学出版社，2018.

2. 文颐.婴儿心理与教育[M].北京：北京师范大学出版社，2011.

任务二

0～6个月婴儿的心理发展与教育特点

任务描述

根据0～6个月婴儿的心理发展特点和规律，掌握0～6个月婴儿的教育目标和内容，在实践中对不同月龄的婴儿进行科学教养。

任务准备

1. 准备工作表单1。

2. 准备案例和工作表单2。

操作流程

工作表单1

小组讨论

大家认为在家里可以对0～6个月的宝宝开展哪些方面的教育活动?

工作表单2

案例分析

朵朵三个月了，从来没有俯卧过，因为奶奶觉得这样会让朵朵窒息，坚决不允许孩子俯卧，如果有人建议，奶奶会翻脸。

朵朵奶奶对吗? 为什么?

任务分析

了解0～6个月婴儿的教育目标，明确这一年龄阶段婴儿的教育内容。

学习支持

一、0～6个月婴儿的感觉发展的观察方法

（一）反射法

新生儿出生时已经具备了一套无条件反射的装置，包括完整的吮吸反射、抓握反射、觅食反射、瞳孔反射等，可以此进行判断。

（二）习惯化与去习惯化

如果同样的刺激反复出现，婴儿的反应会越来越弱，直到完全消失。这样一个过程，就是习惯化的过程；此时，如果出现一个新的刺激，婴儿的身体可能又会发生新的变化，这个过程被称为去习惯化。

（三）视觉偏好

这种方法就是给婴儿两种或多种物体或图形刺激，观察婴儿对哪种刺激更感兴趣，注视的时间更久。这种方法最初由范兹在1961年采用，用来研究婴儿鉴别物体视觉模式（比如圆和十字形状）的发展状况。研究表明，婴儿对人脸有视觉偏好，因为五官的明暗对比更强烈。

（四）诱发电位测量法

给婴儿呈现一种刺激，然后观察记录婴儿脑电波的变化，以确定他们感知觉能力的发展情况。

（五）高震幅吮吸法

让婴儿吮吸一个里面镶有电路的特殊奶嘴，通过婴儿的吮吸动作，观察他们对被感知环境的反应。

二、0～6个月婴儿的动作发展的特点

（一）从未分化动作到分化动作

新生儿的动作是混乱笼统的、未分化的大肌肉群动作。随着神经系统和肌肉的成熟以及婴儿自身的反复练习，动作不断分化。婴儿渐渐学会控制身体局部的小肌肉群动作。当身体某部位受到刺激时，他们能控制仅由有关部位做出反应，而抑制其余部分的动作。在婴儿获得对各部分的小肌肉群动作控制后，又学会把这些小动作“归并”到一起，整合成为更加复杂的整体动作。动作发展就是从大肌肉群动作到小肌肉群动作，从未经分化的混沌的整体动作到分化了的整体动作的不断变化、不断整合的过程。

（二）从上部动作到下部动作

婴儿最早发展的动作是头部动作，其次是躯干部动作，最后是脚的动作。

动作发展先从上部动作开始，然后到下部动作。婴儿最早出现的是眼的动作和嘴的动作，从离头部最近的部位的动作先开始发展。

（三）从大肌肉动作到小肌肉动作

婴儿先出现的是躯体的大肌肉动作，如头部动作、躯体动作、双臂动作、腿部动作，然后才是手部的小肌肉动作。婴儿先使用整只手臂和手一起去抓物体，而后才会用手指去拿东西。

（四）从中央部位动作到边缘部位动作

婴儿动作发展从中部开始，越接近躯干的部位动作发展越早，而远离身体中心的肢端动作发展较迟。

（五）从无意动作到有意动作

婴儿最初的动作是无意的，而后越来越多地受到心理有意的支配。例如，新生儿已会用手紧握小棍，这是无意的、本能的动作，几个月后，婴儿才逐渐能够有意地、有目的地去抓物体。最初是从无意动作向有意动作发展，后来则是从无意动作为主向有意动作为主的方向发展。

三、0～6个月婴儿的语言发展的特点

（一）0～3个月婴儿的语言发展特点

0～3个月是婴儿反射性发声阶段，在新生儿的哭声中有时会出现“ɑ、i、o、u、e”等韵母，这些音不需要唇舌的复杂活动，只要一张口，气流冲出口腔，这些音就发生了。这个阶段的发音是婴儿一种本能的行为，天生有听力和语言障碍的儿童在这个阶段也能发出这些音。

1.以哭来表达需求

新生儿是伴随着哭声来到这个世界的，哭便是婴儿最初的发音，也是他们最初的语言。第一声啼哭标志婴儿开始独立呼吸，同时代表婴儿肺部膨胀，可以自行呼吸，这是一种必不可少的生理反应。在婴儿来到这个世界的最初几个月中，他们还不会使用语言，主要依靠哭声来表达自己生理的需要和感受，并与他人建立一种联系，这是婴儿最早表达需求和与人交往的主要方式。

2.能区别两音之间的差异

听力是婴儿语言发展的基础，没有听力，婴儿对成人语言的模仿就无从谈起。胎儿约在5个月时内耳就已发育完成，新生儿至少已在母亲的腹中听了4个月经羊水传导的声音。1个月的婴儿会因突然发出的声音而惊醒或受到惊吓。2个月的婴儿能分辨两音间的差异及节奏。3个月后婴儿开始学会辨认妈妈的声音。

3. 发音以单音节为主

在1个月的婴儿的哭声中，尤其是当他的哭声稍停一下的时候，我们有时听到他发“ei”“ou”的声音。在2个月婴儿的哭声中，可听到发“m–ma”的声音。婴儿在不哭或安静时，有时也会发音，特别是在成人发出一些声音逗他时。在2个月的婴儿中，大多数有“a”“ai”“e”“ei”“hai”“ou”“ai–i”“hai–i”“u–e”等一些发音。这些发音多是单音节，基本的韵母发音相对较早。婴儿自2～3个月起，进入语言自发发声阶段。

（二）4～6个月婴儿的语言发展特点

3个月以后，婴儿明显变得活跃起来，常常自动发音。如果有人逗婴儿，婴儿会笑，还会发出“咯咯”的清脆笑声。

1. 发音增多

4～6个月的婴儿发的音的声母和韵母都比之前增多，尤其是声母，新增加了“b”“d”“g”“p”“n”“f”等音；韵母增加了“ong”“eng”等音。5个月的婴儿能发出许多不同的声音，如“a–a”“e–e”“k–k”等。

2. 出现近似词的音

6个月的婴儿由发出不同的声音转向咿呀学语阶段，能发出不同的音组，如“ba–ba（爸爸）”“ge–ge（哥哥）”“ma–ma（妈妈）”“a–yi（阿姨）”。虽然这些音对于6个月的婴儿来说是一组没有任何意义的音节，但家长要有意识地将这些音与人物之间建立起联系。

3. 懂得语音交往

4个月以后的婴儿，头部一般能够完全挺立，听到声音就会转过头去，用玩具逗引会发出明显的笑声，可见婴儿已懂得和成人进行语音交往。当家长和他说话时，5个月的婴儿会发出牙牙学语的声音以应和。6个月的婴儿听到家长说话时，也会发出声音，好像和家长会话一样。

四、0～6个月婴儿的社会性发展的特点

（一）自我的萌芽

有研究认为3个月左右，婴儿已经可以区分出“我”和“他”。这主要体现在婴儿抚触自己身体和接触别人的身体时有不同的感受，但这种区分只是一种模糊的感受。5个月左右的婴儿会显示出对镜像的兴趣，但他们只是把自己的镜像当作一个可与之打交道的同伴一样来对待，并没有意识到这是自己的镜像，也还没意识到自己是一个独立的个体。

（二）依恋的发展

出生至3个月属于无差别的依恋阶段，婴儿对所有人都做出相同的反应。

如用哭声唤起人们对他的注意,喜欢注视所有人的脸。在舒适状态对所有人微笑、手舞足蹈,对所有人发出的声音展示相同的反应,对安慰他的人不存在选择,也没有形成对母亲的偏爱。3~6个月是依恋关系建立期,这是对特定任务进行定位和表现信号行为阶段。婴儿对母亲或者其他代理母亲的人表现出自发性喜悦之情,并表示出伴有喜悦情绪的社会反应。面对陌生人时,反应行为减少。此时的婴儿一般仍然能接受陌生人的照顾,也能忍受与父母的暂时分离,但是带有略微伤感的情绪。

(三)同伴关系的发展

婴儿(0~12个月)发展适宜性的社会(情感环境建立的互动实践)

2个月时婴儿开始对其他的宝宝感兴趣。出生没多久的婴儿看到其他婴儿时会显得很兴奋,如果有机会的话,他们会热心地盯着彼此看。3~4个月时,婴儿能够互相触摸和观望。6个月时,婴儿能向同伴微笑和发出“呀呀”声。但是在6个月之前,婴儿对同伴的行为还不具有真正的社会性质,他们可能只是将同伴当成物体或活的玩具看待。

学习评价表

主题	内容	优秀	良好	一般	较差	很差
学习态度	能准时参加全部课程,按时提交作业,及时查阅教师上传的学习材料	5	4	3	2	1
专业知识	能够掌握0~6个月婴儿教育的特点和内容	5	4	3	2	1
研讨精神	积极参与讨论,对其他人的发言能提出合理的分析和见解	5	4	3	2	1
团队协作	能很好地融入课堂小组讨论,共同推进学习进程	5	4	3	2	1
沟通交流	能够清晰准确地表达自己的观点,与他人交流时态度语气恰当	5	4	3	2	1
人文素养	能够关注人文社科知识,有意识地树立职业精神	5	4	3	2	1
信息素养	会检索常见的心理学、婴幼儿保教专业文献数据库,主动阅读相关文献	5	4	3	2	1
实践应用	能够初步根据0~6个月婴儿的心理发展与教育特点确定教育活动内容	5	4	3	2	1

推荐阅读

上海市宝山区早教指导中心.0~3岁亲子活动方案[M].上海:华东师范大学出版社,2010.

任务三

0~6个月婴儿的教育活动设计与指导

任务描述

能结合0~6个月婴儿心理发展的内容和特点，在早教/托育机构和家庭中科学设计能促进0~6个月婴儿心理发展的亲子活动并实施。

任务准备

亲子活动实训室，录像设备，仿真宝宝，玩教具。

操作流程

工作表单1

设计活动

按照以下亲子活动模板，设计能促进0~6个月婴儿心理发展的亲子活动。

<table>
<tr><td colspan="3">活动名称：
适宜年龄：</td></tr>
<tr><td rowspan="2">活动目标</td><td>宝宝发展目标</td><td>家长指导目标</td></tr>
<tr><td></td><td></td></tr>
<tr><td>活动准备</td><td colspan="2"></td></tr>
<tr><td rowspan="2">活动过程</td><td>活动步骤</td><td>家长指导</td></tr>
<tr><td></td><td></td></tr>
<tr><td>家庭延伸</td><td colspan="2"></td></tr>
<tr><td>附录</td><td colspan="2"></td></tr>
</table>

工作表单2

模拟教学

1.组内多次磨课，每人实操练习。

2.分组进行模拟教学。

3.进行教学评价。

任务分析

以小组合作的形式，在充分理解0～6个月婴儿心理发展的教育内容、教育特点的基础上，根据0～6个月婴儿的心理发展特点，设计能促进0～6个月婴儿心理发展的亲子活动，进行模拟教学，达到能在早教/托育机构和家庭中进行亲子活动设计与指导的目标。

学习支持

一、0～6个月婴儿的感觉的发展训练

（一）视觉训练

1.眼睛感光训练

0～1个月的新生儿由于视觉神经系统发展还不太成熟，所以视力较成人更弱，但能感受到光线刺激，因此可重点做眼睛感光训练，以促进视觉神经系统的发育。

白天室内光线充足，在婴儿清醒状态下，可对婴儿做明暗的感光训练，以刺激瞳孔的收缩和放大。具体方法：可以反复放下窗帘，也可用手遮住婴儿的眼睛，然后放开，以造成眼前明暗交替的环境。晚上可以用开关灯的办法，做明暗交替训练。每次训练时间可由几秒钟到1分钟，每天做3～4次。在做练习时，父母要边做边说："亮""暗"或"开灯""关灯"，起到同时训练听觉和语言感受力的作用。另外，训练时的光线不宜过强，同时注意经常变换光源的位置或者婴儿的姿势，以便让婴儿的眼睛可以从上、下、左、右等各个方向看到光线和事物，使双侧眼肌都得到训练，促进脑控制眼肌运动和协调的功能不断成熟。婴儿"斜眼"往往是父母不注意变换婴儿的姿势造成的。

2.视觉集中训练

不管是分辨物体的细节还是颜色，前提是视觉必须集中在该物体上。刚出生2～3周的新生儿，由于两眼运动不协调，不容易形成集中的视觉活动，2～3周后，开始逐渐形成集中的视觉活动，3个月时视觉集中活动已比较灵活。因此，婴儿期要加强视觉集中训练。

0～3个月的婴儿，在清醒状态下，可进行注视活动训练。具体方法：每天数次在婴儿醒着时把母亲的脸贴近婴儿的脸距离 15～20 cm，让婴儿看，同时说："宝宝看我是谁？我是妈妈！"或者自制规格为20 cm×20 cm的黑白两色的图片（因为黑白对比很鲜明，最易吸引婴儿的注意力），如靶心图、棋盘图、波浪形、曲线、人脸图片或放大的妈妈、爸爸的彩色照片等，放在距离婴儿15～20 cm光亮的地方，让婴儿练习注视，图片3～5张为一组，每张注视20～30 s，每天做2～3次。

每隔2～3天更换一组图片，展示图片的方式和位置也要经常变化，使婴儿保持新鲜感。这种方法不仅训练了视觉集中，同时也训练了视敏度。

3个月后的婴儿，视觉集中活动已比较灵活，因此可以进行追视活动训练。具体方法：用直径10 cm的红球、充气动物、娃娃或婴儿喜欢的其他物品，最好用绳子吊着，放在婴儿眼前30 cm的地方。待其注视后，从左到右(或从右到左)水平方向地缓缓移动，让婴儿的视线追随移动的物体。要经常变换物体移动的方向，可以是水平移动，也可以是上下移动，还可以是远近移动或圆周移动。移动的速度要缓慢，同时还要说出移动物体的名称、颜色等，和婴儿交流，使其有兴趣。

3. 视敏度训练

视敏度是分辨细小物体或物体细微部分的能力，又称视力。4个月的婴儿，已能看见一些小的物品，如放在桌上的小糖块。因此，可以这样训练婴儿的视敏度：在白色的床单上放一粒红色小丸(也可用其他细小物体代替小丸，如红色的细线。随着年龄的增长，可以放一些与背景颜色差别不大的东西，如面包渣，以增加难度)，训练婴儿发现微小物体的能力。

4. 颜色视觉训练

在0～3个月婴儿的睡床周围，距离其眼睛20～30 cm处(距离随婴儿年龄不断调整)挂一些色彩艳丽的彩带或者颜色鲜艳的玩具、图片等；婴儿室环境的颜色要丰富，比如挂色彩美丽的窗帘、墙上张贴婴儿喜欢的图画等；妈妈的衣服也可以经常变换颜色。4个月是婴儿对颜色最敏感的阶段，可以经常为他呈现红、黄、绿、蓝等基本颜色的气球、图片等。当婴儿看到这些颜色时，父母要告诉婴儿物品和颜色的名称，如“这是红色的气球”，“那是黄色的小鸭”，“这是蓝色的大圆圈”。

(二)听觉训练

听觉追踪(听觉注意力)训练：婴儿睡醒后，可在婴儿视野内呈现哗铃棒等能发声的玩具，待其注意后，慢慢移动发声的玩具，让婴儿追声寻源。当婴儿辨出声源后，可以变换声源的不同方位，如从左到右、从上到下、从前到后，让婴儿寻找声源；也可以是监护人在不同方位温柔地呼唤婴儿的名字，让婴儿寻找监护人，这些都可以训练其听觉注意力。训练听觉注意力还有一种非常好的方法：在婴儿的手上或脚上套一个宽松的宽布环(不勒痛孩子)，环上引出一条彩带接在一个响铃上，把响铃吊在婴儿睡床上方20～30 cm的地方(随着年龄增长可调整距离)，当婴儿醒来时，手脚的运动会通过彩带拉响铃铛，婴儿会很有兴趣地盯着响铃看。对于大一点的婴儿，可不把彩带系在手脚上，而是放在婴儿身边，让他主动去抓彩带，进而拉响铃铛。这个游戏既锻炼了婴儿的听觉注意力，也发展了手脚动作和培养了听觉、视觉的协调能力。

（三）触觉训练

训练触觉最好的办法是经常给婴儿洗澡，最好每天一次，夏天可以一天多次。洗澡时监护人用手和细海绵、细纱布轻轻搓遍婴儿全身，然后用毛巾擦干，这样可以给皮肤几种不同的刺激。在保证婴儿安全的前提下，应尽可能多地让婴儿触摸周围的环境，充分感知周围事物的质感，而不是过多地限制婴儿，这也不能动，那也不能摸。

二、0~6个月婴儿的动作的发展训练

（一）抬头与翻身动作发展的指导

1.抬头与翻身动作发展的意义

婴儿抬头和翻身动作的出现，对其一生的发展具有“划时代”意义。这两个看似很容易的动作，是婴儿向成人郑重宣布自己开始主宰世界。抬头是婴儿大肌肉动作发展的第一步，抬头动作主要是控制头颈的活动，依赖于头颈的力量。有了这一步，才能翻身、坐、爬、走路等，否则婴儿的运动发育会比较迟缓。另外，抬头还有利于婴儿视觉的发展，抬头使婴儿视觉与物体相对平行，形成物体的正位立体像；有利于婴儿手眼协调的发展及空间视觉的发展；还能向大脑输入良好的视觉刺激，促进智力发展。学会翻身标志着婴儿运动能力的进一步发展，同时也可以拓展婴儿的视野。研究证明，个体接受的外界刺激80%来自视觉，视野的扩展可以让婴儿接受更多的外界刺激，从而有利于婴儿智力发育。

2.抬头与翻身动作发展的指导要点

0~1个月：新生儿的颈部肌肉没有力气，如果成人不用手辅助托着，头部会下垂，俯卧时能稍抬下巴几秒钟，要是把他立着抱起来，头部可挺着立几秒钟。新生儿手臂和腿经常不能控制地随意挥舞踢蹬。这些简单的动作在成人看起来微不足道，但对于新生儿来讲已经是很难得了。它可以帮助新生儿适应这个陌生的新世界，从而在这个世界上很好地生存。总体来讲，这些动作基本上是不分化的，属于无意运动，是笼统混乱的。

1~2个月：此时婴儿还无法自己抬头，但头颈力量有了一些增长，抱他坐起来时头部下垂的现象大大减少了，同时仰卧时能够比较好地控制头部左右转动去寻找奶源、声源及鲜艳的物体等，在俯卧时婴儿会试着抬头，可稍稍抬起至45°。他的膝盖和臀部力量加大了，不再容易弯曲，而且手臂和双腿的活动也逐渐增多，他高兴时会兴奋地挥舞双臂、踢蹬双腿、身体左右晃动，甚至可凭借自身的力量移动整个身体，整体动作幅度明显增加，力量也明显增强。但是，婴儿

的这些动作还不能受主观控制，动作还处于笼统、混乱状态，属于无意运动。

2～3个月：进入第三个月，婴儿在各方面都有了比较大的变化。婴儿在成人的扶持下身体可直立，头部也可立起，但还不稳固，需要小心保护。虽然直立时婴儿仍无法自己完全抬起头，但在俯卧时头可抬起到90°，并左右转动，四处张望。婴儿身体的直立使视野变得宽阔，对婴儿各种感知觉及智力等发展起到了很好的促进作用。此时婴儿开始逐步学习控制四肢活动，虽然还是经常无意识地挥舞手臂、踢蹬双腿，但有时也会控制手臂的活动。例如，通过双臂运动把小手送进嘴内吸吮等。婴儿身体动作幅度也更加明显，在仰卧时可凭借自身力量向左向右侧卧，为学习翻身奠定基础，甚至能使整个身体移动90°。但是，整体上婴儿的动作仍属于笼统、混乱状态。

3～4个月：婴儿头部力量加强了，在成人扶持下，身体可做较长时间直立，直立时可自己支撑起头部并左右转动。婴儿到3个月时能稳定地抬起头与床面呈90°。可将玩具从婴儿的眼前慢慢移动到头部的左边，再移动到婴儿的右边，让婴儿的头随着玩具的方向转。

4～5个月：婴儿可自己抬起头，并自由活动头部。婴儿四肢的活动出现了有意动作，例如可以控制手臂抬起、放下，会用手臂摩擦发痒的头部，如果面前摆放多种玩具，婴儿可主动伸出双臂够取，甚至可把玩具搂在怀中。婴儿坐在成人怀中高兴时会不时地踢蹬双腿。婴儿的腿部力量增强，在成人扶持下腿可支撑身体站立一段时间。在第五个月，多数婴儿已学会独立翻身，在成人的帮助下婴儿可学会从俯卧翻回仰卧，婴儿一旦学会翻身就不肯安静地躺在床上了，而是不停地翻来翻去，即使受到阻止也不肯罢休。此时手臂支撑力量变强，翻过身后可以马上用手臂支撑起上身，使头高高昂起，拓宽了视野范围。这些已经不是简单的无条件反射，而是在婴儿意识控制下进行的。

5～6个月：婴儿能够完全自己控制头颈活动，不再需要成人的扶持。四肢活动能力增强，力量也增强了，婴儿可通过手臂带动双手做一些力所能及的活动，例如，当成人给婴儿喂很苦的药时，婴儿会出现用手臂推挡的动作。至此，婴儿的动作不再是笼统、混乱的，而是逐渐出现了分化，从无意运动向有意运动过渡，动作逐渐有了目的性。

（二）坐动作发展的指导

1.坐动作发展的意义

婴儿坐动作的发展对其认知情绪和社会性行为的发展有着重要影响。坐给婴儿的生活带来巨大变化，坐的位置与躺着相比，使婴儿观看物体的视角和视线发生了根本的改变。这时，婴儿的视角和视线与所注视的物体处于相对平行的位置，而不像仰卧时只能面向屋顶或从侧面位置与外界物体处于斜位方向，对于形成物体的主体像有很大益处。再如，对听觉的作用，当婴儿坐着的时候，双耳对外界物体也大体处于对称位置，对正确的知觉音调非常有利。由于头部可以自由转动，声音进入双耳的时间差有助于婴儿形成方位知觉。另外，坐的重要作用还在于把婴儿的双手更好地解放出来，婴儿可以更好地看到自己的双手及双手的活动，有利于发展双手的协调操作和手指的精细动作，同时促进手眼协调发展。

2.坐动作的指导训练

拉腕坐起：对婴儿进行拉腕坐起的练习，可以训练婴儿颈肌、背肌的力量，以促进婴儿早日坐起来。将婴儿置于仰卧位，握住婴儿的手腕，轻轻地缓慢拉起，婴儿的头一般是呈前倾和下垂的状态，当快满月时，每天可练习2～3次，有时婴儿的头可竖起片刻。以此锻炼他的颈部和背部肌力，促进婴儿的坐卧能力。

靠坐训练：4个月以后，让婴儿背靠着枕头、小被子、垫子等软的物体半坐起来。其实，婴儿是很喜欢靠坐的，因为靠坐比躺着看得远，双手可以同时摆弄玩具。婴儿靠坐时，成人应在旁边照料，不宜离开。因为婴儿会用腿蹬踢，身体下滑而躺下，或者重心向左右偏移，身体倒向一侧。靠坐时间不宜太久，初学的婴儿可持续3～5 min，坐稳后也不宜超过10 min。这个训练可以锻炼婴儿利用腰部肌肉支撑身体，为独坐做准备。

坐坐站站：双手扶住婴儿的腰部或腋下，扶成站姿，让婴儿两腿呈45°角分开。然后双手扶腰，将婴儿身体向下推按至坐姿，然后顺势仰卧下去，片刻之后再扶坐、站立，反复进行3～6次。这个训练使婴儿由躺变为站，由站变为坐，姿势的变化会让婴儿非常开心，很有成就感，身体也会随之硬朗起来。在训练时，要留心手法，注意保护婴儿的腰、胳膊。

独坐练习：在靠坐的基础上让婴儿练习独坐，可以先给婴儿一定的支撑，以后逐渐撤去支撑，使其坐姿日趋平稳，逐渐锻炼颈部、背部、腰部肌肉的力量，为婴儿能独坐打下基础。

扶坐练习：婴儿仰卧时，可以让他的两手一起握住成人的拇指，而成人则要紧握婴儿的手腕，另一只手扶婴儿头部使其坐起，再让他躺下，恢复原位。若婴儿头能挺直不后侧，可渐渐减小扶住头部的力量，每日练习次数，锻炼婴儿的腹部肌肉，增加手掌的握力及臂力。

拉坐练习：在婴儿仰卧位时，成人将双手的大拇指插入婴儿手中，让他握着，其他手指则轻轻抓着婴儿的手腕，使婴儿双手伸直前举，手掌向内相对，两手的距离同肩宽，然后轻轻向前拉起婴儿双手，使头、肩膀离开床面抬起。此时，婴儿可能会试图屈肘用力坐起来，保持此姿势5～6 s，然后轻轻地让婴儿躺下，再重复2～3次。通过这个训练，婴儿的头能伸直和躯干上部挺直，还能使颈和背部肌肉得到锻炼。

在教婴儿练坐时，千万不要过于着急，不要渴望婴儿一下子就能坐稳，不可急于求成。练坐时必须注意三点：①不可单独坐：切记不可以让婴儿单独坐在床上，以防有外力或婴儿动作过大而摔下床，为防止意外发生，可以将婴儿坐的空间用护栏围起来，以保证安全。②不要跪坐或两腿呈"W"形：在练坐时，不要让婴儿的两腿呈"W"形或两腿压在屁股下坐立，这样容易影响腿部的发育。最好的姿势是采用双腿交叉向前盘坐。③不宜坐太久：应该特别注意刚开始学坐时，时间不宜太久，因为这时婴儿的脊椎骨尚未发育完全，如果长时间坐着，容易导致脊椎侧弯，影响正常的生长发育。其实，婴儿开始练坐时，最好能在他的背后放个大垫子，帮助他保持身体的平衡。

(三)抓握动作发展的指导

1.抓握动作发展的意义

(1)抓握动作是个体最初的和最基本的精细动作，是各种复杂的工具性动作发展的基础。

(2)通过手指的锻炼，逐渐形成婴儿自己运用手指拿住物品的能力。手指相关功能的发育，能与大脑的相关区域建立起联系，于智力发育有益有效。

(3)婴儿在摆弄、抓握物品和玩具时，加强了触摸感觉和视觉的联系，促进了大脑的发育，对于更有效地认识物体也有益处。

(4)在抓握的基础上，婴儿将发展翻书、写字、绘画及生活自理等动作技巧。手部动作的获得和发展扩大了婴儿获得环境信息的途径，丰富了婴儿探索环境的形式，使婴儿的探索行为更为主动和有效。

2.抓握动作发展的指导要点

(1)1～3个月抓握指导要点

获得触觉经验的训练：1个月内的新生儿，小手常常呈现握拳形状，有时也能张开。成人可经常轻轻扳动、捋顺其手指，或轻轻活动其双手，增强手指各关节的灵活性，促进手的自然开合。出生后1～2个月的婴儿，可以用不同质地、适合婴儿小手抓握的物品，比如拨浪鼓、海绵条、绒布头、纸卷、小积木等，或者经常给宝宝抓成人的手指，使其获得触觉经验。两三个月后，成人还要给婴儿手指做按摩，从手心到手背，再到每个手指头，每天2～3次。

用手拍抓的训练：在婴儿出生2个月后，可以在婴儿眼前悬吊一些玩具，让婴儿自己动手击打、够取、抓握。例如,可以用手套填充满泡沫塑料或棉花,吊在婴儿的小手能够得到的地方,吸引婴儿去抓。婴儿看到后会用小手去拍打并抓握它,手套有5个指头,抓住一个还有好几个,总是抓不完,婴儿会玩得兴趣盎然。3个月大的婴儿抓握动作开始发展,手经常呈半张开状态,有时两只手能凑到一起,玩弄自己的衣襟,偶然能把衣襟拉到脸上;常会用手去抓周围的东西,并试图把物体抓住,但因为对距离判断得不准确,不容易成功。此时可以把体积小,颜色鲜艳的玩具如小塑料球放在婴儿面前,逗引婴儿用手抓握。

(2)4~6个月抓握指导要点

触觉灵敏度的训练:把直径为2~2.5 cm的小球交替地放在婴儿的左右手上,让婴儿抓握,以锻炼手的触觉。球的重量要有区别,材料要有软有硬,如塑料球、木球、皮球、绒布球等。球也可以用线绳吊起来,刚好能让婴儿握住。也可用帆布、毛巾布、花布缝制的小布包代替球。这样有助于手的抓握动作的训练,尤其对大拇指的训练很有好处,可以增强手掌触觉的灵敏度。

双手握奶瓶训练:结合对婴儿手部的抓握训练,可以教婴儿用手抓握奶瓶吃奶或者喝水。开始时,成人用奶瓶哺喂婴儿吃奶或喝水时,可以用手拿着奶瓶的底端,让婴儿双手扶持在奶瓶的中间部位,共同保持奶瓶向婴儿嘴里输送液体。成人扶持奶瓶,主要是掌握奶瓶的倾斜程度,以控制流量,避免呛到婴儿,等到婴儿渐渐能自己掌握以后,逐渐放手让婴儿自己握奶瓶。

摇动、敲打训练:在婴儿5个月的时候,在其有了抓握能力的基础上,可以拿一个能发声的、带柄的玩具,如拨浪鼓、摇铃等,吸引婴儿去拿,待婴儿拿到后,握住婴儿的手一起做摇动动作,使婴儿感到有趣,引起婴儿主动拿物摇动的兴趣。等到婴儿的两只手都会摇动后,成人可先让婴儿双手各拿一个玩具,抓住他的双手互相对敲,也可以示范给婴儿看,让其模仿。还可教婴儿用一只手敲打玩具。开始时手把手教,之后可以示范,让婴儿慢慢掌握。另外,也可以买市场上专门训练敲打的玩具,让婴儿进行有趣的练习。所有这些都要随时随地进行,让婴儿慢慢模仿学会,以促使婴儿注意力的稳定和动作得到发展。

亲子抚触

拇指和其余四指对立握物:6个月以前,婴儿在用手握物时,大拇指几乎不起作用,6个月以后,婴儿的拇指和食指分开,可以对立握物或将物体夹在手指与手掌之间。可以尝试让婴儿拇指和其余四指对立抓握积木棒、哗铃棒等。

双手配合动作训练:6个月时婴儿在能够抓握及模仿敲、摇玩具的基础上,开始发展双手的共同活动,首先是换手。在和婴儿玩的时候,可有意识地连续向他的一只手递玩具或食物,训练其将手中的东西从一只手换到另一只手上,这种最初的双手配合活动很重要,通过它可以观察出婴儿双手活动是否正常。

学习评价表

主题	内容	优秀	良好	一般	较差	很差
学习态度	能准时参加全部课程，按时提交作业，及时查阅教师上传的学习材料	5	4	3	2	1
专业知识	掌握0～6个月婴儿的教育活动设计和指导的要点	5	4	3	2	1
研讨精神	积极参与讨论，对其他人的发言能提出合理的分析和见解	5	4	3	2	1
团队协作	能很好地融入课堂小组讨论，共同推进学习进程	5	4	3	2	1
沟通交流	能够清晰准确地表达自己的观点，与他人交流时态度语气恰当	5	4	3	2	1
人文素养	能够关注人文社科知识，有意识地树立职业精神	5	4	3	2	1
信息素养	会检索常见的心理学、婴幼儿保教专业文献数据库，主动阅读相关文献	5	4	3	2	1
实践应用	能够初步在早教、托育机构有效地组织符合0～6个月婴儿特点和需求的教育活动	5	4	3	2	1

推荐阅读

上海市宝山区早教指导中心.0～3岁亲子活动方案[M].上海：华东师范大学出版社，2010.

项目小结

本项目主要涉及0～6个月婴儿心理发展的价值与重要性、0～6个月婴儿心理发展的教育内容与教育特点、0～6个月婴儿教育活动设计与指导三部分重要内容。只有首先认识到0～6个月婴儿心理发展的价值与重要性，才能进一步主动学习并内化0～6个月婴儿心理发展的教育内容与教育特点这部分的理论知识，最后设计出并实施适合0～3岁婴儿的教育活动。

思考练习

1. 简述0～6个月婴儿的语言发展规律。
2. 0～6个月婴儿的依恋发展有何特点？
3. 针对0～6个月婴儿可以开展哪些视力训练？

项目三答案

实践实训

0～6个月婴儿的主要教养人一般有：父母、祖辈、保姆三个群体，他们的教养知识、保教能力以及接受能力都是有差异的，请思考如何帮助不同群体理解并掌握“0～6个月婴儿发展特点和教育要点”，梳理出对不同群体进行指导时的注意事项。

	该群体特点	指导注意事项
父母		
祖辈		
保姆		

项目四

7～12个月婴儿的心理发展与教育

项目目标

1. 掌握7～12个月婴儿心理发展的规律。

2. 掌握7～12个月婴儿教育的目标和内容。

3. 能够在早教、托育机构和家庭中有效实施7～12个月婴儿教育活动。

学习重难点

学习重点：

1. 7～12个月婴儿心理发展的特点与规律。

2. 7～12个月婴儿教育的目标和内容。

学习难点：

如何在早教、托育机构和家庭中有效实施7～12个月婴儿教育活动。

思维导图

- 7~12个月婴儿的心理发展与教育
  - 7~12个月婴儿的心理发展过程
    - 7~12个月婴儿心理发展的特征与趋势
    - 7~12个月婴儿心理发展的规律与特点
  - 7~12个月婴儿的教育目标和内容
    - 7~12个月婴儿教育的目标
    - 7~12个月婴儿教育的内容
  - 7~12个月婴儿的教育活动设计与指导
    - 7~12个月婴儿的教育活动设计
    - 7~12个月婴儿的教育活动指导建议

任务一
7～12个月婴儿的心理发展过程

任务描述

掌握7～12个月婴儿心理发展过程，掌握其心理发展的规律和特点，并能够根据7～12个月婴儿的行为表现分析其心理发展特点。

任务准备

相应工作表单，案例，婴幼儿心理发展文字与音视频资料。

操作流程

工作表单1

小组讨论

7～12个月婴儿心理发展有哪些规律和特点？

工作表单2

案例分析

妈妈带11个月的果果到姥姥家玩，姥姥看到果果在吃手指便说："都这么大了还在吃手指，手这么脏。"说完便把果果的手拿出来擦了一下。

你认为姥姥的做法是否合理？为什么？

任务分析

经过前面的学习，大家已经认识了0～6个月婴儿心理发展的特点，在本任务中将进一步学习7～12个月婴幼心理发展的过程，从已有的知识经验出发进行探究。

学习支持

一、7～12个月婴儿心理发展的特征与趋势

(一)心理发展的特征

1.认识活动的具体形象性

7～12个月的婴儿主要通过感知、依靠表象来认识事物,并借助动作进行思维。

2.个体心理活动及行为的无意性

7～12个月的婴儿控制和调节自己心理活动与行为的能力仍然很差,很容易受其他事物的影响而改变自己的活动方向,因而行为表现出很大的不稳定性。这种状况随着年龄的增长和教育的影响逐渐改变。

(二)心理发展的趋势

1.从简单到复杂

7～12个月婴儿的心理活动只是非常简单的反射活动,随着年龄的增长变得越来越复杂。主要表现在两个方面:一是婴儿的各种心理活动在7～12个月并非已经齐全,而是在发展过程中先后形成的。例如,客体永久性的概念在8～9个月出现。二是婴儿最初的心理活动是笼统而不分化的。无论是认识活动还是情绪,发展趋势都是从混沌到分化。例如,最初婴儿的情绪只有笼统的喜怒之别,以后才逐渐分化出愉快、喜爱、惊奇、厌恶以及妒忌等各种各样的情绪。

2.从被动到主动

婴儿的心理活动最初是被动的,心理活动的主动性是后来才发展起来的,并逐渐提高。7～12个月婴儿的心理活动受生理制约,大多是被动的。例如,7～12个月的婴儿在注意方面以无意注意为主导。

3.从零乱到成体系

婴儿的心理活动最初是零散杂乱的,心理活动之间缺乏有机的联系。7～12月的婴儿容易受到外界因素的影响,心理活动具有无意性,这都是心理活动没有形成体系的表现。正因为不成体系,心理活动非常容易变化,例如一会儿哭,一会儿笑。

二、7～12个月婴儿心理发展的规律与特点

(一)感觉和知觉的发展

1.感觉的发展

感觉是人脑对直接作用于感觉器官的客观事物的个别属性的反映。根据刺激物的来源和感受器的不同,可以将感觉分为外部感觉和内部感觉。其中,外部感觉包括视觉、听觉、嗅觉、味觉和触觉;内部感觉包括运动觉、平衡觉和机体觉。

视觉主要是对物体所展现的复杂信息的察觉和辨认,婴儿对周围环境的信息大多数是通过视觉系统获得的。8个月的婴儿开始出现深度知觉,9个月的

婴儿能较长时间地看3.5 m以内物体的活动，喜欢鲜艳的颜色。

听觉是个体对声音的高低、强弱、品质等特性的感觉。听觉是婴儿获取信息的重要渠道，婴儿早期对声音的感知觉和辨别主要表现在对声音的注意和定位、对语音的辨别上。随着月龄的增加，婴儿的听敏度发展迅速，这主要表现在婴儿在亲子交往中偏爱人类的声音，尤其是母亲的声音。9个月的婴儿会寻找来自不同高度的声源，12个月的婴儿能听懂自己的名字。

肤觉是人最早出现的感觉，包括温度觉、痛觉、触觉。口腔探索是婴儿充分利用触觉认识外部世界的重要手段，口腔探索在婴儿手部能力发展到一定程度时（大约在1岁以后）会逐步隐藏，手部触觉探索将长期占据主导地位。

2. 知觉的发展

知觉是人脑对直接作用于感觉器官的客观事物的整体属性的反映。它是在感觉的基础上产生的，是对感觉信息整合后的综合反映。知觉大致可以分为空间知觉和时间知觉两大类。

空间知觉是指人对物体空间特征的反映。它包括形状知觉、大小知觉、方位知觉和距离知觉。7～12个月的婴儿对外界事物的方位知觉是以自身为中心进行定位的，在形状上更喜欢复杂的和轮廓大的图形。7～12个月的婴儿虽然已具有一定的距离知觉，但是他们的距离知觉还不精确，随着年龄的增长，距离知觉的能力也会不断发展。适当的早期教育和练习可以促进其距离知觉的发展。

时间知觉是对客观事物运动的连续性和顺序性的反映。它是一种对快慢、先后、时间长短等的知觉。7～12个月的婴儿主要依据其内部生理状态的变化来反映时间。比如对吃奶的时间形成条件反射，到点就饿，想要吃奶；到点就感觉到困乏，想要睡觉。

（二）注意的发展

7～12个月的婴儿觉醒时间增长，有更多的时间去探索各种外部事物，获得新信息的机会增多。他们有更多的机会玩耍和进行社会交往，因此常处于警觉和积极探索状态。随着7～12个月的婴儿从能够独立坐、爬行、站立，到开始行走，他们的活动范围和视野有了飞跃性的拓展，注意的对象更加广泛。6个月以后，婴儿对熟悉的事物更加注意，这在社会性方面表现得更明显，婴儿开始特别注意母亲。

（三）记忆的发展

记忆是人脑对过去经验的反映。7～12个月婴儿的回忆主要是再认的形式，此阶段婴儿记忆的发展主要表现为客体永久性的产生和延迟模仿行为的出现。

客体永久性是皮亚杰提出的概念，是指当一些物体从儿童的视野中消失时，儿童能够觉知其依然存在的能力。客体永久性在7～9个月出现。比如当着婴儿的面，将他感兴趣的一个玩具用布盖起来，若他茫然地看着你，就表明他还没有形成客体永久性。若他直接去扯掉这块布，去拿玩具，则说明婴儿已经形成了客体永久性。若出现客体永久性，则说明婴儿"记住"了成人藏玩具的情节，婴儿就借由初步的回忆，找出了被藏的玩具。因为记忆发展了，八九个月的婴儿通常逐渐喜欢玩"藏猫猫"游戏。

延迟模仿行为，是指婴儿看过成人的言行或者某个事物之后，当时没有模仿，但之后模仿的一种现象，它表明婴儿记住了自己见过的东西。

（四）思维的发展

当前对于婴儿思维发展的研究，大多数集中在问题解决能力（是认知发展心理学研究的核心问题之一）的发生方面。皮亚杰认知发展阶段理论中对婴儿问题解决能力的发展有较为详尽的描述，7～12个月婴儿的思维处于认知发展理论中的感知运动阶段，处于这一阶段的婴儿从只会简单反射和随机行为，变得更有行动目的。但他们还不能独立地进行内在的思维活动，需要借助一些最简单的身体动作（如吸吮、抓、抚摸等）和感知觉（如视、听、触、嗅等）来认识和适应外界环境。例如，12个月的婴儿想够放在桌子上的玩具，伸出手发现够不到，在反复够物中不小心扯动了桌布，发现桌布的移动会带动玩具的移动。在不断尝试中，他掌握了拉桌布和玩具移动的关系，于是通过拉桌布拿到了玩具。在这个过程中，如果没有"拉"这个动作的反复进行和视觉的辅助，他是无法发现拉桌布和获得玩具这两者之间的关系的。

感知运动阶段又被细化为6个亚阶段：反射练习阶段（0～1个月）、初级循环反应阶段（2～4个月）、次级循环反应阶段（5～8个月）、手段与目的分化协调阶段（9～12个月）、三级循环反应阶段（13～18个月）、心理整合阶段（19～24个月）。由此可见，7～12个月婴儿的思维处于次级循环反应阶段和手段与目的分化协调阶段。

次级循环反应阶段的婴儿开始可以坐立，并逐渐学会爬行，能够熟练地够、抓握和操纵物体，这些运动能力的获得为婴儿的注意力向外部世界转移起了非常重要的作用。婴儿产生了操纵物体并识别其特征的新兴趣。婴儿的重复性动作与前一阶段相比，有了意向性，并且不再只指向自身，而是开始作用于外部环境，吸引婴儿的是行为所导致的有趣的结果。

实际行为举例：

一个婴儿在床上玩玩具，偶然将一个橡皮鸭玩具扔到地上，发出了响声，他觉得很有趣。当成人把橡皮鸭捡起来重新放到床上时，他又把橡皮鸭扔到地上，一直重复这种行为。他非常开心和享受地听着自己"创造"出来的声响。

手段与目的分化协调阶段的婴儿能够总结过去的经验来解决新问题，行动也更加具有目的性。此之前虽然婴儿的行为已经有了一定的意向性，但其动作是直接指向目标事物的。例如，拨弄拨浪鼓就是为了使拨浪鼓发出响声。到了该阶段，婴儿的动作目的和方法开始发生分化，开始出现表意性动作。同时，动作目的和方法之间开始协调，儿童开始尝试、调整以往的方法，形成新的方法去达到目的。例如，向该阶段的婴儿呈现一个对其有吸引力的玩具，然后将玩具藏在手帕下，婴儿会掀开手帕获取玩具。在这个过程中，婴儿就协调了“掀开”手帕和“抓握”玩具这两个动作。这个时期的婴儿开始具有一定的对行为结果的预期能力，这与其客体永久性观念的初步获得有关。

（五）情绪的发展

情绪是人对客观事物以及对自我和他人产生的态度体验。婴儿最初的情绪反应是与生理需要是否得到满足相联系的。婴儿在6～8个月期间，会出现陌生人焦虑，当看到陌生人或者被陌生人抱起时，出现焦虑情绪。婴儿在六七个月时产生分离焦虑，害怕和养育者尤其是妈妈分开，逐渐产生依恋。怯生指婴儿对不熟悉的人所表现出的害怕反应，一般在6个月左右出现。伴随婴儿对母亲依恋的形成，怕生情绪也逐渐明显、强烈。

（六）社会性的发展

社会性是指作为社会成员的个体为适应社会生活所表现出来的心理和行为特征。7～12个月的婴儿处于依恋的特殊情感联结阶段（6个月至3岁），婴儿从六七个月开始对依恋对象的存在表现出深深的关注，当依恋对象离开时会哭喊不让其离开，当依恋对象回来时会显得十分高兴。

当你给宝宝讲故事时应该关上电视吗

学习评价表

主题	内容	优秀	良好	一般	较差	很差
学习态度	能准时参加全部课程，按时提交作业，及时查阅教师上传的学习材料	5	4	3	2	1
专业知识	掌握7～12个月婴儿心理发展的规律与特点	5	4	3	2	1
研讨精神	积极参与讨论，对其他人的发言能提出合理的分析和见解	5	4	3	2	1
团队协作	能很好地融入课堂小组讨论，共同推进学习进程	5	4	3	2	1
沟通交流	能够清晰准确地表达自己的观点，与他人交流时态度语气恰当	5	4	3	2	1
人文素养	能够关注人文社科知识，有意识地树立职业精神	5	4	3	2	1
信息素养	会检索常见的婴幼儿保教专业文献数据库，主动阅读相关文献	5	4	3	2	1
实践应用	能够根据7～12个月婴儿的行为表现进行具体分析	5	4	3	2	1

任务二

7～12个月婴儿的教育目标和内容

任务描述

根据7～12个月婴儿的心理发展特点和规律，掌握7～12个月婴儿的教育目标和内容，在实践中对不同月龄的婴儿进行科学教养。作为7～12个月婴儿的早期养育者应了解这个阶段的教育目标和内容，这对具体教育活动的开展具有重要的指导意义。

任务准备

相应工作表单，案例，婴幼儿心理发展文字与音视频资料。

操作流程

工作表单1

小组讨论

针对7～12个月的孩子，大家认为在家庭中可以开展哪些方面的教育活动？

工作表单2

案例分析

豆芽妈妈认为7~12个月的孩子太小了，只要孩子吃好睡好玩得开心，安全健康就可以了，不用操心孩子的教育。

对于豆芽妈妈的观点，你怎么看？

任务分析

经过前面的学习，大家已经掌握了7～12个月婴儿心理发展的趋势、特点与规律，在本任务中将继续学习7～12个月婴儿教育的目标和内容，既有理论阐述，又有实例列举。

学习支持

一、7～12个月婴儿教育的目标

（一）关爱婴儿，满足需求

7～12个月的婴儿无法用语言来表达自己的需求，但是他们会通过声音、动作和表情来传达自己的意思。教养者需要重视婴儿的身心需求，关爱婴儿，赋予情感关怀，满足婴儿成长的需要。为婴儿创设适宜的环境，营造良好的氛围，尊重他们的意愿，陪伴他们健康愉快地成长。

（二）以养为主，教养融合

良好的身心状态是婴儿生长发育的基础。对于7～12个月的婴儿，应该把健康、安全及养育工作放在首位，坚持保育与教育紧密结合的原则，做到保中有教，教中重保，自然渗透，教养合一，促进婴儿生理与心理的和谐发展。

（三）关注发育，顺应发展

在教养实践过程中要把握7～12个月婴儿的发展过程，尊重婴儿身心发展规律，把握婴儿发展的关键期和经验获得的机会，顺应婴儿的天性，让他们能在丰富的、适宜的环境中自然发展、和谐发展、充实发展。

（四）因人而异，开启潜能

重视婴儿在感知觉、记忆、注意、思维、情绪、社会性等方面的发展差异，提倡更多地实施个别化的教育，使教养工作以自然差异为基础。同时，要充分认识到人生许多良好的品质和智慧的获得均在生命的早期，必须密切关注，把握机会。要提供适宜刺激，诱发多种经验，充分利用日常生活与游戏中的学习情景，开启潜能，推进发展。

二、7～12个月婴儿教育的内容

（一）记忆

发展婴儿客体永久性的能力。婴儿在7～9个月时开始发展客体永久性，具体表现为当客体被藏起来时，个体能意识到客体是客观存在的，能将隐藏的客体找出来。比如和7～12个月的婴儿做躲猫猫的游戏，你虽然藏起来了，看不见了，但是他还在用眼睛寻找。7～9个月的婴儿刚刚开始发展这一能力，还需要借助一些感知觉线索才能找到。例如刚开始只能当着婴儿的面遮盖物体或者不完全遮盖以保留部分特征，他才能找到。那么，早期教育者可以将孩子喜欢的玩具当着他们的面藏起来，观察孩子是否能够找到玩具，待孩子月龄稍长，可以引导孩子回忆前几天藏起来的玩具和大人的去向。

（二）思维

发展婴儿自我解决问题的能力。问题解决能力是人认知的核心，虽然7～12个月的婴儿还只能运用已知的手段去应对问题情境，但这一能力的产生让他发现社会现实是可以改变的。当他对外界和自身有更多认识以后，就会创造性地解决问题。所以，这一时期是智慧的萌芽。婴儿对外界的认识和对自己的认识是交织在一起的。7～12个月的婴儿通过行动认识到自身内在的力量，通过交往看到了别人眼中的自己，开始更加细致地观察自己的外在和内心，这一关注将最终引导他视自己为一个有想法、有情感的独立的人。

（三）情绪情感

发展婴儿理解情绪符号的能力。7～12个月的婴儿能与成人交流，在这一阶段的交往中，他会努力去理解对方的表情、语言、动作的含义，并且尝试模仿。与6个月以前相比，他们在对成人和交往的关注方面有很大的进步，这不仅说明婴儿在交往中的主动权越来越多，也显示出婴儿巨大的社交发展潜力。7～9个月的婴儿能赋予成人面部表情以社会意义，即成人的情绪表情开始在婴儿的社会交往中发生作用，婴儿开始读懂成人的表情。这个阶段，教养者可以与孩子玩关于表情变化的游戏，例如，在孩子面前呈现惊讶、开心、难过等表情，并配上相应的语言解释，引导孩子观察，加强婴儿对社会交往中多样化表情的理解。12个月左右的孩子情绪情感表现得更加精确，对情绪情感的认识更加清晰，教养者可以陪孩子阅读有关情绪情感的绘本，解读绘本中的不同情感状态，帮助儿童情绪的社会化。

（四）社会交往

发展婴儿同伴交往的能力。婴儿与成人的相处使他们认识到不同个体之间是可以交换想法的，而且日益增长的认知与行动能力也促使他们有可能与同龄人交往。但因为7个月的婴儿社会交往技能很有限，所以，他们的同伴交往更多是关注，是在成人帮助下的以客体为中心的交往。在同伴交往方面，教养者要多创造婴儿与同龄人交往的机会，引导婴儿做出友好交往的行为，例如：握手、问好、拥抱等，成人可先为孩子做示范。随着月龄的增加，他们与成人的交往中语言、情绪情感的交流更频繁。在这一阶段，成人与孩子之间可以开展一些需要简单合作的活动，例如：帮孩子扶着玩具。

婴幼儿常见心理问题的游戏矫正法

学习评价表

主题	内容	优秀	良好	一般	较差	很差
学习态度	能准时参加全部课程，按时提交作业，及时查阅教师上传的学习材料	5	4	3	2	1
专业知识	掌握7～12个月婴儿的教育目标与内容	5	4	3	2	1
研讨精神	积极参与讨论，对其他人的发言能提出合理的分析和见解	5	4	3	2	1
团队协作	能很好地融入课堂小组讨论，共同推进学习进程	5	4	3	2	1
沟通交流	能够清晰准确地表达自己的观点，与他人交流时态度语气恰当	5	4	3	2	1
人文素养	能够关注人文社科知识，有意识地树立职业精神	5	4	3	2	1
信息素养	会检索常见的婴幼儿保教专业文献数据库，主动阅读相关文献	5	4	3	2	1
实践应用	能够初步根据7～12个月婴儿的教育特点进行教学设计	5	4	3	2	1

推荐阅读

李跃儿.孩子是脚，教育是鞋：芭学园教育理念和经典课程[M].2版.上海：华东师范大学出版社，2018.

任务三

7～12个月婴儿的教育活动设计与指导

任务描述

0～3岁是婴幼儿大脑和各种机能发育最迅速的时期，是影响人一生发展的关键期。7～12个月的婴儿主要的教养环境是家庭，主要的教养人员是家长，家长对婴儿进行有计划、有目的的教育，对他们健康成长具有十分重要的作用。早教机构开展的0～3岁婴幼儿教育的对象不仅包括婴幼儿还包括婴幼儿家长。因此，要掌握7～12个月婴儿家庭教育的重点和指导目标。

任务准备

相应工作表单，婴幼儿心理发展文字和音视频资料。

操作流程

工作表单

小组讨论

结合前面所学内容，尝试设计一份适合7～12个月婴儿的教育活动方案。

任务分析

经过前面的学习，大家已经了解了7～12个月婴儿心理发展的趋势、特点与规律，并且掌握了7～12个月婴儿的教育目标和内容，在本任务中将掌握这一年龄段教育活动设计与指导的要点，尝试设计教育教学活动并落实到实践中。

学习支持

一、7～12个月婴儿的教育活动设计

7～12个月的婴儿主要的教养环境是家庭，家人是他们的主要教养人员，这一时期的教育活动以亲子活动为主，游戏是这一阶段的主要教育活动形式。7～12个月的婴儿身心发展迅速，家长在观察儿童活动和亲子互动的过程中体会儿童自身内心的强大的发展动力，学会尊重儿童的发展方式和节奏，顺应这一阶段孩子的发展。

（一）动作

随着婴儿身体的生长发育，7～9个月的婴儿能够自如地独坐，为了探索到周围更多的事物，开始学习爬行，爬行是婴儿动作发展的一个重要里程碑，从被动移动转变为主动移动。这一时期需要为其创设爬行空间，引导婴儿从原地打转到匍匐爬行再到手膝协调爬行，拓展婴儿探索外界的空间。10～12个月的婴儿开始学习独立行走，学习从扶物站立到扶物或在有支撑下行走再到独站。因而，这一月龄段婴儿大动作发展的重点是爬以及向独站过渡。教养者通过一些趣味性的游戏来引导婴儿学会各种各样的爬和站立，例如，营造一个宽敞、整洁的爬行环境，放置一些婴儿感兴趣的声响玩具。根据婴儿的爬行水平设置爬行环境，对于不会爬行的婴儿，家长应为其设置平整的爬行地面；对于已经会爬行的婴儿，家长可以设置S形爬行曲线和爬行坡。为了增加活动的趣味性，可以创设故事情节，如“送玩具回家”“宝宝追妈妈”等。家长可与孩子一起爬，增强亲子互动，将社会交往、语言和情绪等有机渗透。

（二）认知

婴儿动作水平的发展与认知越来越交融在一起，7～12个月婴儿在练习手部动作和四肢协调的同时认识了自己的能力，更通过多样化的操作认识了缤纷的世界。外界事物在婴儿的头脑中逐步被清晰地勾勒，而事物之间的联系也在同时建立，这是婴儿了解因果关系和利用外物解决问题的前提。这一月龄段婴儿解决问题的能力建立在简单的因果联系的基础上，用已有的办法解决问题。培养婴儿解决问题的能力以及对因果关系的认识是7～12个月婴儿的主要教育内容。在家庭中教养者可以借助镜子，让婴儿加深对周围环境的认识，教养者引导婴儿在镜子面前做不同的动作并进行观察。一方面帮助婴儿从不同角度认识自己，由外而内地引导婴儿对自身有概括性认识，另一方面建立起镜中我与自身的联系。

（三）情绪情感

7～12个月的婴儿能读懂成人的表情，随着月龄的增加，婴儿的情绪情感表

现得更加细致、精确，引导婴儿情绪情感社会化是这一月龄段的主要教育目标。教养者可以借助游戏的形式，给婴儿的情绪情感命名，增强婴儿对各种情绪状态的感知，以及用玩偶向婴儿展示各种情绪情感状态，创设情境引导婴儿模仿表情，让婴儿对它们有更清楚的认识。

（四）语言

对7~12个月婴儿，在语言方面的教育目标是丰富常用词汇，鼓励婴儿进行语音模仿，会说单个词汇，以及借助简单的手势、体态语与他人交流。可以通过开展亲子阅读活动，借助图画书中简洁、明亮、鲜艳的实物向婴儿传递词语概念。教养者要多与婴儿用语言交流互动，用婴儿熟悉的词汇进行对话，要适当重复，发音要准确、清晰，语速要慢。

（五）社会交往

7~12个月的婴儿交往技能有限，在社会交往方面的主要目标是学会与同伴和成人交往，家长要通过生活环节培养婴儿的社交技能，可以先通过亲子交往的方式培养，再迁移到同伴交往中，例如与家人分享吃的，与家人轮流玩玩具等。

二、7~12个月婴儿的教育活动指导建议

（一）尊重婴儿的发展规律

在对婴儿实施早期教育的过程中，家长、教育工作者要树立正确的儿童观和教育观，把婴儿看作独立存在的、有着独特成长规律的个体，对其实施互相尊重的、充满爱的、潜移默化的教育，为其健康成长奠定基础。

（二）重视沟通交流

一是家长、教师应该重视与婴儿的沟通交流，在教育活动的实施中需要教养者用语言、手势、表情等与他们互动，在这个过程中建立良好的感情。二是教师与家长要多沟通交流。家长是婴儿的第一任教师，教师要帮助家长树立正确的教育观，与家长结成教育伙伴，使家长的教育观念和行为发生正向改变，将教育延伸到家庭中。

学习评价表

主题	内容	优秀	良好	一般	较差	很差
学习态度	能准时参加全部课程，按时提交作业，及时查阅教师上传的学习材料	5	4	3	2	1
专业知识	掌握7~12个月婴儿的教育活动设计要点和教育活动指导建议	5	4	3	2	1

续表

主题	内容	优秀	良好	一般	较差	很差
研讨精神	积极参与讨论，对其他人的发言能提出合理的分析和见解	5	4	3	2	1
团队协作	能很好地融入课堂小组讨论，共同推进学习进程	5	4	3	2	1
沟通交流	能够清晰准确地表达自己的观点，与他人交流时态度语气恰当	5	4	3	2	1
人文素养	能够关注人文社科知识，有意识地树立职业精神	5	4	3	2	1
信息素养	会检索常见的婴幼儿保教专业文献数据库，主动阅读相关文献	5	4	3	2	1
实践应用	能够初步在早教、托育机构有效地组织符合7～12个月婴儿特点和需求的教育活动。	5	4	3	2	1

推荐阅读

丁玉.0～3岁亲子活动设计与家长指导[M].上海：复旦大学出版社，2018.

项目小结

7～12个月婴儿的心理发展与教育对其未来的影响意义重大。本章介绍了7～12个月婴儿心理发展的过程，阐述了7～12个月婴儿教育的目标和内容以及这一阶段教育活动设计与指导的要点，对教师和家长了解7～12个月婴儿的心理发展有一定的指导作用。

思考与练习

1. 简述7～12个月婴儿的心理发展特征。
2. 简述7～12个月婴儿的心理发展趋势。
3. 简述7～12个月婴儿注意的发展特点。
4. 简述7～12个月婴儿的教育目标。
5. 简述7～12个月婴儿在记忆方面的教育内容。
6. 简述7～12个月婴儿在社会交往方面的教育内容。
7. 简述7～12个月婴儿教育活动设计与指导的要点。

项目四答案

实践实训

1. 尝试做一次家长育儿访谈，访谈主题为：小孩子喜欢塞东西到嘴里，也喜欢敲敲打打，您认为在养育的时候应该注意哪些安全问题？访谈后，比较家长的观点与口腔探索、手部探索等有关知识的异同，将家长遗漏的事项告知家长，并填写家长育儿访谈表。

家长的回答	
对比结果	
遗漏事项	

2. 选择1名7～12个月的婴儿进行记忆力发展的观察，并为婴儿记忆力的进一步发展提出适宜的教育建议。

观察记录	
教育建议	

3. 依据所学内容为7～12个月婴儿独立设计一份教育活动方案，并运用到实践中。

项目五

13～18个月幼儿的心理发展与教育

项目目标

1. 了解13～18个月幼儿的心理发展过程。

2. 掌握13～18个月幼儿的心理发展规律。

3. 掌握13～18个月幼儿教育特点和内容。

4. 能够根据实际情况判断13～18个月幼儿的心理发展特点。

5. 能够在早教、托育机构和家庭中有效实施13～18个月幼儿教育活动。

学习重难点

学习重点：

掌握13～18个月幼儿教育特点和内容。

学习难点：

能够在早教、托育机构和家庭中有效实施13～18个月幼儿教育教学活动。

思维导图

- 13~18个月幼儿的心理发展与教育
  - 13~18个月幼儿心理发展的过程
    - 13~18个月幼儿心理发展的规律及特点
    - 13~18个月幼儿心理发展的过程概述
  - 13~18个月幼儿的教育特点和教育内容
    - 13~18个月幼儿的教育特点
    - 13~18个月幼儿的教育内容
  - 13~18个月幼儿教育活动设计与指导
    - 13~18个月幼儿的教育活动设计
    - 13~18个月幼儿教育活动的指导建议

任务一 13~18个月幼儿心理发展的过程

任务描述

1. 了解13~18个月幼儿心理发展过程，对幼儿各方面的心理行为形成较为完整的认识。

2. 掌握13~18个月幼儿心理发展的规律和特点。

3. 能够根据13~18个月幼儿的行为表现进行具体分析。

任务准备

1. 一间带有多媒体设备且宽大、安静的讨论室。

2. 每人一张白纸、一支笔。

操作流程

工作表单1

小组讨论

尝试归纳出13~18个月幼儿心理发展的特点。

工作表单2

案例分析

一天，1岁5个月的茵茵从床上爬下来，不小心扯到了床边的床单，这时她发现上边的物品会随着床单的移动而移动；而后她又扯了扯桌边的餐布，发现桌上的茶杯也随之移动。她盯着桌上的茶杯，一直扯动桌布，最后茶杯从桌子边缘掉下来，摔碎了。看到这一现象，她似乎很兴奋，又开始扯动垫在沙发上的毯子。

如果你是茵茵的父母，你会责怪茵茵吗？为什么？

工作表单3

材料分析

皮亚杰是近代有名的儿童心理学家,他的认知发展阶段理论将儿童的认知发展分为四个阶段:感知运动阶段、前运算阶段、具体运算阶段和形式运算阶段。感知运动阶段是指感觉—动作期,这个阶段的儿童借助感知运动图式协调感知输入和动作反应,从而依靠动作去适应环境。前运算阶段是指前运算思维期,儿童将感知动作内化为表象,建立了符号功能,凭借心理符号(主要是表象)进行思维,从而使思维有了质的飞跃。具体运算阶段是指具体运算思维期,儿童的认知结构由前运算阶段的表象图式演化为运算图式。具体运算思维的特点:具有守恒性、脱自我中心性和可逆性。皮亚杰认为,该时期的心理操作着眼于抽象概念,属于运算性(逻辑性)的,但思维活动需要具体内容的支持。形式运算阶段是指形式运算思维期,这个时期,儿童思维发展到抽象逻辑推理水平。

根据上面的阅读材料,你认为工作表单2案例里的茵茵处于什么思维阶段?

任务分析

婴幼儿是个体生长发育最快速的时期,也是一生发展的源头时期,是人心理发展的重要时期,具有巨大的发展潜力和可塑性。了解13~18个月幼儿心理发展过程,掌握其心理发展的规律和特点,有助于我们对幼儿各方面的心理行为形成较为完整的认识,并帮助我们在养育幼儿的过程中,能够根据13~18个月幼儿的行为表现分析其心理发展特点,并据此采取有效措施促进其身心健康发展。

学习支持

一、13~18个月幼儿心理发展的规律及特点

心理发展一般分为感知觉、注意、记忆、思维、想象、情感、意志的发展以及个性的初步形成等阶段,由于13~18个月幼儿年龄尚小,其意志暂未萌芽,个性形成表现较少,在此不做赘述。幼儿的心理活动是在不断接受生活环境中的外界刺激和大脑皮质分析综合功能逐渐完善的基础上发展起来的。12个月前的婴儿的感觉飞速发展,知觉逐渐产生,并有初步识记能力和智力活动,情绪反应开始发展。在此基础上,13~18个月幼儿心理活动发生质的变化,其过程具

有简单性、被动性、具体性、零散性和随意性等特点，但其发展规律具有从简单到复杂、从被动到主动、从具体到抽象、从凌乱到成体系的特点。

（一）简单性

幼儿最初的心理活动，仅仅是作用于现实的极为简单的反射活动，在幼儿13～18个月这一年龄阶段，这种简单性主要表现在两个方面：一是某些心理活动暂未发生，例如个体意志的萌芽一般出现在2岁之后；二是心理活动较为笼统、不分化，例如婴儿最初的情绪只有笼统的喜怒之别。可无论是认知活动还是情绪，发展趋势都是从混沌到分化。也可以说，最初是简单和单一的，后来逐渐复杂和多样化。例如：婴儿的情绪从笼统的喜怒之别逐渐分化出愉快、喜爱、惊奇、厌恶以及妒忌等各种各样的情绪，而且随着其年龄的增长，将会越来越复杂。

（二）被动性

13～18个月幼儿的心理活动大多数都是被动的，具有无意性，且受生理活动的制约。这一年龄段幼儿由于其语言表达能力、身体机能及社会认知皆还较为缺乏，尚不能进行单独活动，因而其活动范围与方式、感知环境、体验内容均受限于成人的选择和布置。但幼儿心理活动的主动性会随着幼儿身心发展的成熟不断发展，并逐渐提高，直至成人阶段可具有极大的主观能动性。

（三）具体性

13～18个月幼儿处于感知运动阶段。感知运动阶段，又称直觉行动思维阶段，是幼儿智力发展的萌芽阶段，其认知发展主要是感觉和动作的分化，主要通过看、抓和嘴的吸吮等活动来探索周围世界，从而获得动作经验。例如：13～18个月的幼儿发现拉扯床单会使床单上的玩具移动，多次尝试，通过拉扯床单拿到了玩具；而后，发现拉扯桌布会使桌布上的玩具移动，多次尝试，通过拉扯桌布拿到了玩具；以后幼儿看到床上或桌上的玩具，便会通过拉扯床单或桌布来拿到。这便是感知运动的体现。

这一阶段的幼儿还不具备心理运算能力，主要靠感知和动作进行思维，当物体不在感知运动范围之内，13～18个月幼儿很难进行思考。因而这一年龄段幼儿的思维具有两个特点。一是已然获得客体永久性的概念。即使物体被其他东西遮盖，也能够知晓物体所在位置，物体消失在视野，也能够初步运用动作技能协调搜索物体。二是逐步形成最初的表象思维。客体永久性概念的获得是幼儿建构心理表征的开始。儿童对外界的刺激在头脑中形成心理表征，就能够通过表象回忆起玩具的存在。这通常发生在感知运动阶段末期，一般在幼儿18个月左右。例如，当幼儿对眼前的玩具形成表象认知后，即使玩具不在眼前，也能够凭借头脑中的表象认识到或回忆起玩具的存在。

（四）零散性和随意性

13～18个月幼儿的心理活动是零散杂乱的，心理活动之间缺乏有机的联系，因而极具变化性。同时，13～18个月幼儿的心理活动非常容易受到外界环境因素影响，因而具有随意性，或称为无意性。例如，在情绪情感上，13～18个月幼儿看到别的孩子在哭时会呈现出痛苦的表情，或跟着哭，表现出显著的同情心；看到别的孩子在笑时会在短时间内跟着笑；在注意力的持续方面，当13～18个月幼儿看到窗外有一只蝴蝶，便会被吸引，这时另一边又响起了鸟叫，幼儿便会将注意力完全投放至发出鸟叫的位置。可无论是哪一方面，随着幼儿的成长，其心理活动过程皆是由零散随意走向系统化、成体系化的。

二、13～18个月幼儿心理发展的过程概述

（一）感知觉发展

感觉分为视觉、听觉、味觉、嗅觉等，是人脑对直接作用于感受器官（如口、耳、眼、鼻）的客观事物的个别属性的反映。知觉发展分为空间知觉和时间知觉。13个月之后，幼儿认知方面的发展以感知觉为主，其发展速度非常快。13～18个月幼儿的视觉、听觉和触觉发展越来越成熟，且能够协调统一，越发熟练。13～18个月幼儿认知发展表现为六个方面：（1）喜欢用嘴、手试探各种东西。（2）会长时间观察自己感兴趣的事物，并用手势和声音表示不同的反应。（3）能根据感知方面的突出特征，对熟悉的物品进行简单的分类。（4）会指认某个身体部位。（5）会模仿一些简单的动作或声音，开始自发地玩模仿性游戏，如用玩具电话玩打电话游戏。（6）理解简单的因果关系。

（二）注意力发展

幼儿随着生活能力的增长，其生活范围扩大，对周围更多事物发生了兴趣。在兴趣的基础之上，无意注意将会迅速发展，占据13～18个月幼儿注意的主导。13～18个月幼儿能够长时间观察自己感兴趣的事物，并能够用手势表示不同的反应，甚至会模仿一些简单的动作和声音。

（三）思维的发展

幼儿时期是儿童思维发生和初步发展的时期，在13～18个月幼儿阶段产生思维的低级形式——感知运动思维。感知运动思维，其特点是思维与动作不可分割。因而，在这一年龄段幼儿的思维认知结构是依靠其自身动作的发生来形成动作格式。皮亚杰曾将感知运动阶段又划分为六个亚阶段：反射练习（0～1个月）、初级循环反应阶段（2～4个月）、次级循环反应阶段（5～8个月）、手段与目的分化协调阶段（9～12个月）、三级循环反应阶段（13～18个月）、心理整合阶段（19～24个月）。显而易见，13～18个月幼儿的思维正处于三级循环反应阶段。在这一阶段中，幼儿将会显现出好奇心强、喜欢探索、有目的地改变行为来观察

结果(如触碰不同铃铛来听声音)等特点;乐于积极探索周围的世界,并观察物品、事件或情境中的新奇之处;勇于尝试新行为,并运用试错法来解决问题。

案例:恩恩的妈妈将拨浪鼓放在床边,恩恩伸手去拿,第一次尝试失败了,因为拨浪鼓上方太宽。很快,恩恩手脚并用,将拨浪鼓调转方向,从手柄处抓住它,恩恩为自己的成功表示开心。这时,拨浪鼓发出了声响,恩恩愣住,随即不停晃动拨浪鼓,以发出声响。

(四)记忆和想象的发展

无意性记忆在幼儿时期的记忆中占据主导地位,记忆过程缺乏明确的目的,主要凭兴趣进行。13～18个月幼儿的记忆内容较少,持续时间较短。

想象是对已有表象进行加工改造、建立新形象的心理过程。12个月之前的婴儿没有想象,13～18个月幼儿已有想象的萌芽,大多以具体形象为基础进行想象,能够将日常生活中某些简单的行为反映在自己的游戏中,以此过程为满足,无既定想象目标。幼儿的想象主题常因外在环境不断变化,且容易跟现实混淆,具有夸大的特点。

实际行为举例:

记忆:恩恩的奶奶回乡下一个多月了,再回到家里的时候,恩恩对她感到很陌生。

想象:恩恩抓起奶瓶喂向床边的布娃娃嘴里。

(五)情绪情感的发展

新生儿的情绪反应通常以是否得到生理满足为出发点,因而幼儿早期的情绪情感与喂养行为息息相关。早期喂养除了给幼儿提供足够的体格生长营养外,其过程也满足了幼儿心理发展的需要,对幼儿情绪情感的发展具有重要意义。13～18个月幼儿的情绪情感开始日益丰富,情绪情感表现方式也逐渐丰富,在很短的时间内能够表现出丰富的情绪变化,如兴高采烈、生气、悲伤等。

这一年龄阶段,幼儿的情绪问题主要为:

1.屏气发作

屏气发作一般发生于6个月至3岁的婴幼儿身上,当需求未能被满足或情绪受挫、暴怒时容易发作,具体表现为:情绪突然爆发,剧烈哭喊后呼吸暂停,伴有口唇发绀,全身僵直,甚至意识短暂丧失或抽搐发作,而后肌肉松弛,恢复原状,再哭出声。一般持续时间为30 s～1 min,严重者可持续2～3 min。屏气发作是13～18个月幼儿暴怒情绪表现的高发性行为,2～4岁后逐渐减少。

2.分离性焦虑

17个月左右,幼儿对主要抚养者表现出强烈的依恋情感,与其分离会感到沮丧,并会持续这一情绪状态,这一情绪状态被称为分离焦虑,这是幼儿常见的心理问题。分离焦虑的典型表现为哭闹、充满紧张和期待、愁眉苦脸、心神不宁,常有意无意地做小动作，例如不停踱步、咬口唇、入睡困难。一般而言，幼儿对母婴分离的情绪反应主要经历三个阶段：第一阶段为反抗、哭泣、呼叫妈妈，如被拒绝会表现出极端的痛苦；第二阶段的情绪反应为绝望、冷漠、伤心、失望；第三阶段则表现为一种超然状态，这是一种看上去正常的情绪状态，实则是幼儿压抑自身关注和情绪，在一定时期将会再度爆发，严重者还会改变其短期性格。

3.恐惧

13～18个月幼儿恐惧的原因一般是其无法将现实与想象分开。幼儿的主要恐惧对象分为两类：一类是某些具体事物，另一类是抽象概念。年龄越小的幼儿越容易对具体事物产生恐惧，例如有的幼儿害怕毛毛虫、怕水等。幼儿的恐惧表现为惊吓、哭闹、四肢僵硬、尖叫或是挡住眼睛等。

（六）社会性发展

婴幼儿注意力发展案例分析

12个月左右的幼儿，其自我意识开始萌芽，能理解并遵从成人简单的行为准则和规范，可在安全、依恋的环境中和小朋友共同游戏。17个月左右的幼儿，自我意识逐步增强，开始表现出独立行为倾向，喜欢独立完成某一动作。例如：不希望父母搀扶走路，不希望父母喂饭，尝试自己穿衣服，开始表现出一些“叛逆”行为。这一年龄阶段，幼儿开始意识到自己的性别角色，对“男、女”有外在形象上的定义。13～18个月的幼儿模仿性强，喜欢模仿成人动作，例如妈妈在扫地，他也想要拿起扫把尝试扫地，尝试收拾玩具、书籍等。

学习评价表

主题	内容	优秀	良好	一般	较差	很差
学习态度	能准时参加全部课程，按时提交作业，及时查阅教师上传的学习材料	5	4	3	2	1
专业知识	掌握13～18个月幼儿心理发展的规律和特点	5	4	3	2	1
研讨精神	积极参与讨论，对其他人的发言能提出合理的分析和见解	5	4	3	2	1
团队协作	能很好地融入课堂小组讨论，共同推进学习进程	5	4	3	2	1
沟通交流	能够清晰准确地表达自己的观点，与他人交流时态度语气恰当	5	4	3	2	1
人文素养	能够关注人文社科知识，有意识地树立职业精神	5	4	3	2	1
信息素养	会检索常见的婴幼儿保教专业文献数据库，主动阅读相关文献	5	4	3	2	1
实践应用	能够根据13～18个月幼儿的行为表现进行具体分析	5	4	3	2	1

任务二
13～18个月幼儿的教育特点和教育内容

任务描述

1. 掌握13～18个月幼儿的教育特点。
2. 了解13～18个月幼儿的教育内容。
3. 能够根据13～18个月幼儿的教育特点进行教学设计。

任务准备

1. 一间带有多媒体设备且宽大、安静的讨论室。
2. 每人一张白纸、一支笔。
3. 一间婴幼儿实训室。

操作流程

工作表单1

小组讨论

讨论13～18个月幼儿心理发展的特点，尝试推断这一年龄段幼儿的教育特点。

工作表单2

案例分析

案例一：16个月的奇奇，无法用手指夹小东西，只喜欢用五指握住东西。最近，奇奇特别喜欢抓妈妈的头发，而且力气尤其重，常常扯得妈妈头皮生疼。

你认为奇奇的表现是发育迟缓的表现吗？
如果你是奇奇的妈妈，该如何应对奇奇的行为呢？

案例二：在日常生活中，大部分时间都是由萌萌妈妈陪伴萌萌，照顾萌萌的饮食起居。但18个月的萌萌好像更喜欢与平时都在外上班的爸爸对话。虽然爸爸在家时间较少，但萌萌每次与爸爸互动都会更加开心、兴奋，甚至手舞足蹈。而与妈妈对话时，却显得兴趣缺乏、表情平淡。

你认为萌萌的表现是说明与妈妈对话不开心吗？
根据该案例，大胆猜测，按点说出可能造成这种现象的原因及理论基础。

工作表单3

小组讨论

根据各年龄段幼儿的教育特点，选择适宜的教育内容是早期教育的任务和目标，根据13～18个月幼儿心理发展的特点，尝试设计、选择、归纳这一年龄段幼儿的教育内容。

年龄：
教育内容：

任务分析

明确13～18个月幼儿教育特点，并能够根据其特点设计合理的教育内容，是了解幼儿心理发展特点和规律的归宿和目标。我国的早期教育活动一般在家中进行，随着早期教育重要性的普及，越来越多的家长也会选择带孩子前往专业的早教机构进行教养。因而，无论是作为早期教育活动的组织者，还是家长，都应该了解幼儿各年龄段的教育特点，并能够据此选择最有利于幼儿身心健康发展的教育内容。

学习支持

一、13～18个月幼儿的教育特点

不同年龄阶段的幼儿具有不同的心理发展特点，不同的心理发展特点又决定了其教育特点和教育内容的不同。13～18个月幼儿的心理活动具有简单性、被动性、具体性、零散性和随意性的特点，决定了这一年龄段的幼儿的教育具有直观感受性、趣味探索性、适龄适宜性和教养结合的特点。教养者要注重幼儿的直观感受和切身体验，应为其提供丰富多样的环境刺激，增强活动趣味性，吸引、鼓励其积极探索。这一阶段尤其要采用适龄段教育，注重教养结合，促进幼儿的生理发展，同时要关注其心理发展。

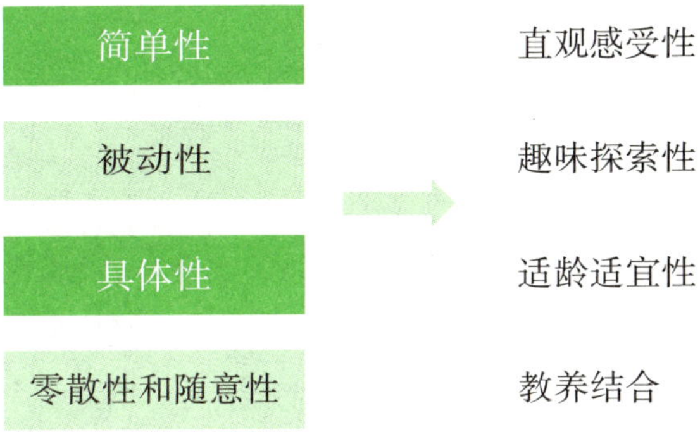

（一）直观感受性

13～18个月幼儿年龄较小，其心理活动较为简单和笼统，因而这一阶段的教育应注重直观感受和亲身体验。成人应为其提供丰富的环境刺激，帮助这一阶段的幼儿获得更为丰富的活动经验和感知体验。

（二）趣味探索性

13～18个月幼儿由于年龄小，生理发育尚不成熟，其心理活动受生理活动的制约，具有无意性和被动性。因而这一阶段的教育要以幼儿的年龄特点为基础，满足其兴趣、好奇及其他心理需求，激发其主动性和积极性，引导其主动探索、获取经验。

（三）适龄适宜性

13～18个月幼儿处于感知运动思维阶段，这是其智力发展的萌芽阶段，其认知发展主要是感觉和动作的分化，主要通过看、抓和嘴的吸吮等活动来探索周围世界，从而获得动作经验。因而这一年龄段的教育应符合幼儿的思维特点，鼓励幼儿使用各类感官探索、感知周围世界，帮助幼儿获得各类感官体验。

（四）教养结合

13～18个月幼儿的心理活动是零散杂乱的，心理活动之间缺乏有机的联系，因而极具变化性。成人应注重教养结合的质量，重视这一阶段幼儿的身体

发育和生长发展,根据幼儿发展的实际情况,及时合理地添加、补充辅食。13~18个月幼儿的饮食行为是其学习、探索、适应生存的重要途径。因而,早期喂养为幼儿提供了足够的生长营养,其过程还满足了幼儿心理发育的需要,对儿童的情感、个性和认知能力等方面的发展具有重要意义。除此之外,这一阶段的幼儿的观察能力和感知能力更强,对母亲更加依赖,容易产生独占母亲的想法,因而,还应关注其情绪情感的变化,及时疏导。

重点概括:

(1)直观感受性 → 重视直观感受,提供环境刺激。

(2)趣味探索性 → 增强童真趣味,鼓励多方探索。

(3)适龄适宜性 → 强调适龄适宜,尊重发展规律。

(4)教养结合 → 注重教养质量,关注情绪变化。

二、13~18个月幼儿的教育内容

(一)感知觉教育内容

感知觉属于心理活动中较为低级的形式,出现早,发展快。感觉是人脑对直接作用于感觉器官的客观事物的个别属性的反映,是信息与感觉器官(眼睛、耳朵、舌头、鼻子和皮肤等)发生相互作用时产生的。感觉为个体提供内外环境的信息,保证了个体与环境的信息平衡,是一切较高级、较复杂心理现象的基础。知觉分为整体知觉和部分知觉,从内容上具体分为形状知觉、大小知觉、深度知觉、方位知觉和时间知觉几个大类。0~2岁是幼儿感知觉发展的关键期,13~18个月幼儿探索欲望强烈,想要感知、认识世界,通常把注意力放在各种小物件上,对物体运动方式、颜色纹理、形状形态等十分好奇。幼儿的感知觉发展和教育条件密切相关,可以通过日常活动和游戏来培养促进。例如:堆塔游戏,能够发展幼儿手眼的协调能力、注意力、均衡感觉;往杯子里装豆子、珠子的游戏和拧纸游戏,能够加强幼儿手部的力气和肌肉发育;寻找一样东西的游戏,引导幼儿寻找同颜色、形状、大小的物体,以此感知物品的颜色、形状和大小。

(二)注意力教育内容

13~18个月幼儿愿意探索、喜欢接触新事物,其注意力等心理活动会更加活跃。这一阶段的幼儿可能会出现一些家长眼里的破坏行为,例如:喜欢乱涂乱画,喜欢反复尝试扔出同一件东西并观察其活动,喜欢将一件物品放进一个地方又不断取出,或是将玩具盒子不停地打开又关上等,或是不断地踩刚买回来的地毯。这些看似具有破坏性的、奇怪的举动其实正是幼儿观察、感知、认识、思考这个世界的方式。成人不要随意地打断幼儿的探索行为,应鼓励其大胆自主探索、获取认知,同时还应为其提供活动范围更加广泛、富有新鲜感的环境和机会，帮助其自由、主动地探索。幼儿专注于自身的探索，对其注意力的培养有着至关重要的意义和价值。家长可以为这一年龄段的幼儿选择一两个其较为喜欢的玩具，让其专注地玩，玩具不必太多，重在兴趣，引导幼儿专注探索。例如，家长或教师可为幼儿提供各类简单积木，锻炼其手眼协调能力、专注力。同时成人还可以陪伴幼儿做一些简单的游戏或运动，例如：跟随线画线游戏，能够培养幼儿的运动能力和集中注意的能力；扣扣子游戏，幼儿自己挑选扣子较多的衣服时，鼓励幼儿自己扣扣子。

（三）思维训练教育内容

13~18个月幼儿对各类事物有着强烈的好奇心，能够理解简单的因果关系。思维活动在理解活动的基础上进行，这一年龄段幼儿的大脑发育尚处于初级阶段，认识、理解事物往往需要以语言和动作为媒介，因而，在这一阶段，成人要采用语言和动作相结合的方式，尝试将各类基础知识融入日常生活，但不要求幼儿能够认识或理解。这一过程中，成人只需要将各类概念融入日常生活和互动中，幼儿便能够形成对各种概念初步的印象和认知，为其思维发展打下坚实的基础。成人还可利用实物训练法培养幼儿的归纳、概括能力，例如将玩具、食品混在一起，引导幼儿将其分开；或利用各类物品图案的卡通纸片，引导幼儿在游戏中区分。成人还可以利用语言，强调两个事件的因果关系，加深幼儿的理解。例如，孩子将积木碰倒了，不知所措，家长这时可以说："积木被推了一下，所以才倒了，对吗？"帮助幼儿建立"积木倒塌"与"推"这一动作的因果联系。

（四）想象力和记忆力相关教育内容

13~18个月幼儿随着生理的不断发展，其想象力和记忆力得到了极大的发展。记忆力是想象力的基础，想象力是幼儿的本能和天分，因而应有意识地培养幼儿的记忆力。运用具体形象、生动鲜明的物体引发幼儿的兴趣，开展丰富有趣的游戏，调动幼儿的多种感官参与活动，进行简单准确的动作演示等，是培养幼儿记忆力的好方法。例如，找东西游戏，帮助幼儿长时间记住东西；或取名字游戏，帮助幼儿形成自身认知的记忆力；乱写游戏，促进幼儿头脑活动。幼儿的想象力较为天马行空，且易分不清现实与想象，因而成人不应轻易否定幼儿的想象，应主动倾听，或提供丰富的情境满足其想象。例如，幼儿想象陪伴自己的玩偶是公主，喂玩偶吃东西，成人不应该嘲笑或制止，可陪伴其玩耍，或将此想象的维度扩大，拓展新的想象空间。

（五）情绪情感教育内容

13~18个月幼儿从咿呀学语逐渐开始模仿成人语言，能够有意识地说出几个字词，但与人交往时语言表达少，常用肢体语言表达自己的想法。这一年龄段幼儿的情感易受外界环境变化的影响，情绪变化丰富，一般表现为冲动、易变和外露，或在很短的时间内可表现多种情绪，受挫折容易发脾气，害怕陌生人和陌生环境，对熟悉的家人(尤其是母亲)表现出较强的依恋。

针对这一年龄阶段幼儿的情绪问题，其主要教育内容为：

1.屏气发作

幼儿的养育者不应表现出过度呵护与关注，或者甚至一味毫无原则地满足幼儿的各种要求，对待幼儿的情绪问题要镇静，避免溺爱或简单的惩罚与斥责，避免表现出过分的焦虑不安。

2.分离性焦虑

当幼儿产生分离焦虑时，家庭成员需要共同参与幼儿的情绪调节。养育者应决心改变保育教育方式，逐渐减少与幼儿接触，创造幼儿与其他同龄幼儿的接触、交流机会。与此同时，还应调整家庭教养方式，改善家庭气氛和环境。

3.恐惧

当幼儿对某种特定事物出现过度敏感时，养育者应及时关注，多多观察，了解缘由。清楚幼儿害怕的对象和原因后，不要强迫幼儿直面恐惧，可以主动与幼儿谈论其害怕的事物，帮助其了解其害怕的事物，或采用角色扮演等方法让幼儿表达恐惧，或采用阅读等手段解决恐惧产生的根源。

(六)社会性发展教育内容

1.培养自我服务能力

从小培养幼儿的独立性和自我服务能力是促进其社会性发展的基础。培养幼儿的自我服务能力，有利于其形成良好的卫生生活习惯，有助于培养其独立性，并形成良好的个性。13～15个月幼儿应学用勺子、拿杯子、与他人一起玩益智玩具，16～18个月幼儿应学会戴帽、脱袜，养成按时吃饭、睡觉、晨起洗脸、睡前洗脚等生活习惯。

2.鼓励幼儿的社会交往行为

幼儿的社会行为主要表现在与周围人(包括成人和同伴)的相互作用中所表现出来的态度、情绪及其行为的状况，是幼儿日后社会情感、社会适应能力发展的基础。13～18个月幼儿社会交往行为的培养可从两个方面进行，一是帮助其与同伴友好相处、共同游戏，二是鼓励其自发的社会交往行为，例如主动与他人打招呼、主动靠近他人等。

学习评价表

主题	内容	优秀	良好	一般	较差	很差
学习态度	能准时参加全部课程，按时提交作业，及时查阅教师上传的学习材料	5	4	3	2	1
专业知识	能够掌握13～18个月幼儿教育的特点和内容	5	4	3	2	1
研讨精神	积极参与讨论，对其他人的发言能提出合理的分析和见解	5	4	3	2	1
团队协作	能很好地融入课堂小组讨论，共同推进学习进程	5	4	3	2	1
沟通交流	能够清晰准确地表达自己的观点，与他人交流时态度语气恰当	5	4	3	2	1
人文素养	能够关注人文社科知识，有意识地树立职业精神	5	4	3	2	1
信息素养	会检索常见的婴幼儿保教专业文献数据库，主动阅读相关文献	5	4	3	2	1
实践应用	能够初步根据13～18个月幼儿的教育特点进行教学设计	5	4	3	2	1

推荐阅读

1. 钱文. 婴幼儿心理发展理论[M]. 上海：上海科技教育出版社，2019.

2. [美]特里·乔·斯威姆. 科学照护与积极回应：适宜0～3岁婴幼儿发展的课程[M]. 洪秀敏，等，译. 北京：北京师范大学出版社，2020.

任务三

13～18个月幼儿教育活动设计与指导

任务描述

1.掌握13～18个月幼儿的教育活动设计要点。

2.掌握13～18个月幼儿的教育活动指导要点。

3.能够根据13～18个月幼儿的教育活动设计要点进行教学设计，并能够根据教育活动指导要点进行教学实践。

任务准备

1.一间带有多媒体设备且宽大、安静的讨论室。

2.每人一张白纸、一支笔。

3.一间婴幼儿实训室。

操作流程

工作表单

小组讨论

妈妈们坐在一块交流经验。童童妈妈说："13～18个月幼儿太小了，能懂什么呀？只要吃好喝好睡好就行，操心什么教育？都是无用的。"丽丽妈妈说："这个年龄段的孩子也不能进行什么运动，很容易受伤害。我只希望他乖乖待在家里，不要调皮捣蛋，也不要四处搞破坏，安全健康就是最重要的。"元元妈妈可不同意，高声道："那可不对！孩子可不能输在起跑线上，多上一些早教课，早一些学知识，总归是好的。"元元妈妈表示认可，但是又有些忧心："我工作忙，也不太懂怎么养怎么教，所以专门请了育儿师来带，平时就托付给早教机构，虽然和孩子平时见不了几面，但一想到她能够得到最专业、最科学的教养呵护，我就十分安心。"奇奇妈妈说："我也不太懂什么理念，但我喜欢陪宝宝玩，宝宝很开心。"

1.根据几位妈妈的观点，和小组成员谈谈你的看法。

2.根据你的观点，提出教育建议。

任务分析

0～3岁婴幼儿的早期教育活动，具有形式多样性和内容启蒙性的特点。我国早期教育发展迅速、成果显著，但普遍存在教育标准不明确、教育衔接性不强、教育缺乏深层引导等问题，而早期教育活动的开展也较为零散、随意，具有形式性。13～18个月幼儿年龄较小，活动范围较窄，安全感和适应性不够，因而这一年龄段的教育应以家庭教育、亲子互动为主。家庭是13～18个月幼儿早期经验的主要来源，其主要教养人的育儿能力决定了幼儿的发展质量，教育观念的偏差、教育内容关注的不平衡以及教育技能的缺失等实际问题会严重影响家长教养幼儿的质量，因此，提升家长教养能力是促进幼儿身心健康发展的关键和基础。因而无论是在家进行亲子活动，还是去早教机构开展教育活动，都不应忽视家长的作用和意义，而是应该在各个方面加强亲子互动。早教机构人员在组织幼儿教育活动时，应充分考虑家长这一角色的地位，体现其价值和意义，并与家长主动沟通、共同合作。

学习支持

13～18个月幼儿是学前儿童身体发育和智力发育的高峰，成人应抓住这一教育关键期，发挥早期教育的优势，促进幼儿身心健康发展。这一年龄段幼儿的主要活动场所为家庭，主要接触者均为家庭成员，正处在非常依赖主要教养者的时期，因而亲子活动是这年龄段幼儿主要的教育活动，游戏是其主要的教育活动方式。同时，早教机构还应帮助家长提升教育、养育能力，形成正确的教养观念，深化各类教育活动中的思想引导，促进经验交流和分享。

一、13～18个月幼儿的教育活动设计

（一）大动作发展：引导趣味性花样行走

随着幼儿身体机能的不断增长，13～18个月幼儿已经逐渐把支撑身体位移的“走”作为进行各种活动的重要条件，这一年龄段的幼儿迫切希望学会自如地行走，或是能够边走边完成自己想做的事。13个月龄的幼儿已然能够独立行

走，但两下肢分开，基底很宽，每步的距离、大小、方向不一致，用肩部外展和肘关节弯曲来保持平衡；15个月的幼儿已然可以自己稳稳地站立，能够捡拾地上的物品且不跌倒，但在转弯时还不太灵活，行走时不能忽然止步。因而，要重点培养这一年龄段幼儿的大动作发展，为独立自如地行走以及由移动向基本运动机能过渡，包括爬、走、滚、踢、扔、接等。有趣味性地引导幼儿学会各类行走，成为这一年龄段幼儿大动作发展的主要内容，因此应将各类行走融入游戏，引导幼儿主动行走、快乐行走，锻炼其腿部肌肉，为其大动作发展打下基础。例如，在“鳄鱼的牙齿”这一大动作活动中，教师或家长可以告诉幼儿：“大鳄鱼贪吃糖果，得了龋齿，很可怜。请宝宝们当小牙医，帮助大鳄鱼重新种植牙齿好吗？”幼儿需要在起点处取一颗白色玉米粒（牙齿），推球走过一段距离，迈过障碍物（体能棒），攀爬三步梯，才能来到张着嘴却没有牙齿的大鳄鱼身前。在这一过程中，幼儿的身体、四肢的运动能力得到了发展。还可以在游戏中穿插拉着小车走、拿着玩具走、端着盘子走和下蹲捡起东西走等环节，增强幼儿的行走能力。

（二）精细动作发展：促进手与手指灵活性

手眼协调动作形成后，其精细动作发展的主要需求——手的动作逐渐灵活，逐渐成为认知活动的器官。幼儿认识周围事物的能力在很大程度上是与双手精细动作的发展息息相关的。13～18个月幼儿五指逐渐分化与灵活，能用三指或两指捏不同大小的物品，手的活动能力逐渐增强，尝试用勺子、拿毛巾、握笔等。成人可将放物入盒、垒高积木、瓶中取物、蜡笔涂鸦等锻炼手和手指灵活性的动作融入游戏中，促进其精细动作的发展。例如，上文中的“鳄鱼的牙齿”这一活动中，幼儿拿着鳄鱼的牙齿（玉米粒）来到张着大嘴却没有牙齿的大鳄鱼前，要将手中的玉米粒粘在大鳄鱼嘴里，给鳄鱼种植牙齿。在这一过程中，幼儿必须把玉米粒准确地粘贴在大鳄鱼嘴里的双面胶上，牙齿才能立住，这需要其手眼协调配合，双手灵活运用，锻炼了双手精细动作能力的发展。这一游戏促进了大动作和精细动作发展，能够动态变幻，也能够重复进行，富有趣味性和科学性。

（三）语言习得：以活动和交往为载体

12～15个月是幼儿开始学说话的阶段，这一年龄段的幼儿能够听懂生活中成人简单的指令，有强烈的说话兴趣和欲望，经常自发地模仿成人的话语，喃喃学语，念叨不停，即使成人听不懂也不会挫败或放弃，会继续听成人说话、学成人说话。这一年龄段幼儿主要学习基础、简单、生活化的口语，对语言的理解需要结合具体的情境。幼儿具有天生的语言能力，从婴儿期便开始逐渐从无意义地发音到有意识地发音发展，其语言学习出于活动或交往的需要，因此其语言学习不应只局限于语言活动的开展，而是应该将语言学习融入各类活动中，为幼儿拓宽体验、学习、交流的渠道。13～18个月幼儿的语言学习方式与其教养者的互动有关，教养者应多与幼儿进行语言互动，并引导其正确发音，帮助其在不知不觉中习得语言。如：有意识地强调各类动作，“跑”“走”“跳”“拿”等。

（四）认知活动：多感官参与

随着活动能力的增强，13～18个月幼儿热衷于积极探索外部世界。这一年龄段的幼儿认识各种事物时，其信息输入依靠第一信号系统的反应，而非第二信号系统，主要通过视、听、嗅、味、触等对事物进行初步认知，形成个体经验。这个年龄段的幼儿的各种感知觉发展越来越成熟，为其认知发展做了充分准备。因而这一年龄段幼儿教育教学活动的设计要充分调动其多种感官的参与，帮助其形成真实可靠、全面系统的认识。例如，这个阶段的幼儿需要认识苹果，成人用语言向其描述是无效的，唯有拿出实物展示，为其提供看、摸、捏、闻、尝的机会，才能帮助他们形成对苹果的深刻、真实、全面的概念认识。

（五）家长指导：以提高亲子互动水平为起点

由于13～18个月幼儿年龄小，尚不能运用语言完整、准确地表达内心想法，因而很多家长不理解其内心想法，也不知如何与其相处、互动。这说明家长与幼儿之间真正的交流较少，互动水平有待提高，因而还不能够从幼儿的行为、举止、表情等外在表现准确推断其内心想法。早教设计亲子活动时，应思考“应该指导家长做什么”的问题，以亲子互动水平的提高为起点，帮助家长了解还处在不善言表阶段的幼儿，并与其进行有效的沟通与交流。同时，家长也应主动学习如何与该年龄段的幼儿进行高质量互动。

二、13～18个月幼儿教育活动的指导建议

（一）重视家长“一”作用

家长作为13～18个月幼儿最为信任和依赖的人，在其教育活动中具有不可替代的作用。家长应重视自身对于幼儿成长的重要意义，耐心关注幼儿的健康成长，学会育儿知识，提高亲子互动质量。教师如果作为该年龄段幼儿教育活动亲子活动的设计者、组织者和指导者，应帮助家长推进幼儿教育活动的实施和引导，引导其明确自身在亲子活动中的角色、要做什么、怎么做。为保证活动开展的效果和质量，教师不应包办代替家长的作用。在进行活动指导时，教师应引导家长担当应有的角色，发挥应有的作用，同时，还应时刻尊重家长，以平等合作的态度对待家长，同家长共同商量，交换意见。

(二)活动指导"两"注意

1.注意提供适当重复的机会

重复是儿童的智力体操。一岁后,幼儿自我活动的愿望逐渐强烈,有自我成就感体验的需求。这一年龄段的幼儿容易从小事中获得成就感,并对刚刚接触、并不熟练的经验有重复活动的需求和迷恋。为幼儿提供适当重复的机会,对其发展具有重要价值。幼儿在重复操作中不仅能够促进感官发展,还能够获得新的体验和认知,更能够在过程中获得愉悦情绪。如:玩藏猫猫、玩积木搭建时,幼儿即便不断重复某个完全相同的游戏,也不意味着是简单无效经验的重复,而是已有经验的巩固、各类感官的发展以及愉悦情绪的获得。

2.注意创造主动开口表达的机会

13~18个月幼儿正处在学说话的阶段,表达不完整,仅能够说单字,成人需要结合具体情境才能理解其表达内容。这一阶段应以口语表达训练为主,在幼儿主动开口表达时,家长应给予充分的、积极的回应,帮助幼儿从情绪上接纳口语表达,认为主动开口说话是一件愉悦的事,这为幼儿主动表达提供了情绪基础。同时,家长还应帮助幼儿正确表达、简单重复,并鼓励其讲出更多字词,引导其更快、更清晰地表达自身想法。在幼儿未开口时,家长也可结合各类情境主动与幼儿交流,并引导幼儿主动表达。

(三)指导语言"三"要求

亲子活动的指导语言是影响亲子活动效果的重要因素,因而对教师的语言素质提出了较高要求。对教师言语的基本要求是:要注意根据言语对象进行转换,面向幼儿应活泼有趣,采用简单趣味的语言、温暖平和的态度;面向家长应简洁明了,采用生活化、口语化的语言将深奥的专业术语转化,使家长更容易理解和配合。这一年龄段幼儿只能听懂简单的生活用语,听和说的能力都较差,因此,针对这一年龄段幼儿的指导语有三个要求:第一,要用简单的语言;第二,进行适当重复;第三,语速要慢。

学习评价表

主题	内容	优秀	良好	一般	较差	很差
学习态度	能准时参加全部课程,按时提交作业,及时查阅教师上传的学习材料	5	4	3	2	1
专业知识	掌握13~18个月幼儿教育活动设计和指导的要点	5	4	3	2	1
研讨精神	积极参与讨论,对其他人的发言能提出合理的分析和见解	5	4	3	2	1

续表

主题	内容	优秀	良好	一般	较差	很差
团队协作	能很好地融入课堂小组讨论，共同推进学习进程	5	4	3	2	1
沟通交流	能够清晰准确地表达自己的观点，与他人交流时态度语气恰当	5	4	3	2	1
人文素养	能够关注人文社科知识，有意识地树立职业精神	5	4	3	2	1
信息素养	会检索常见的婴幼儿保教专业文献数据库，主动阅读相关文献	5	4	3	2	1
实践应用	能够初步在早教、托育机构有效地组织符合13～18个月幼儿特点和需求的教育活动	5	4	3	2	1

推荐阅读

1.[美]卡罗尔·科普尔，等．0～3岁婴幼儿发展适宜性实践[M]．洪秀敏，等，译．北京：中国轻工业出版社，2020.

2.[美]玛丽·简·马圭尔-方．与0～3岁婴幼儿一起学习：支持主动的意义建构者[M]．罗丽，译．北京：中国轻工业出版社，2020.

项目小结

婴幼儿时期是个体飞速成长发展的时期，这使得每一月龄段皆有其独特的价值和意义。本项目从13～18个月幼儿心理发展的特点和规律出发，分析这一月龄段幼儿的教育内容和教育活动设计与指导。这不仅有利于幼教工作者和家长根据这一月龄段幼儿的具体行为来了解其心理发展和需要，有利于幼儿的成长和发展，还为幼教工作者和家长的教学活动提供了理论和实践借鉴，对这一月龄段幼儿的教育有着积极意义和价值。

思考练习

1. 13～18个月幼儿的心理发展有何特点？

2. 作为一名早教教师或家长，你认为了解13～18个月幼儿行为背后的心理发展状况有何意义？

3. 请查阅资料，思考幼儿的分离焦虑应如何干预。

4. 13～18个月幼儿的教育有何特点？

5. 13～18个月幼儿的社会性发展教育有何重点？

6. 尝试设计一份符合13～18个月幼儿特点的教育方案（主题自选）。

项目五答案

7. 13 ~ 18个月幼儿的教学活动设计有何要点?

8如果你是一名早教教师,在开展教育活动时,应注意哪几个方面的内容?

9. 请阅读以下材料,根据所学内容进行案例分析。

材料:16个月的明明已经学会说话,特别喜欢拿起妈妈的电话和爸爸通话。可是明明爸爸却认为这没有必要。爸爸认为:"明明和妈妈说说话就好了呀,这也能够促进言语发展!我工作这么忙,怎么可能陪着小孩子讲一些听不明白的话呢?就算我在家,我也要休息啊,况且我也不太明白怎么教育孩子,还不如让他上上早教课有用!"因此,每当明明爸爸回到家,便会拿出手机播放早教课程给明明看,自己便躺到一边看剧了。

你认为材料中爸爸的看法和做法对吗?为什么?

实践实训

1. 尝试记录13 ~ 18个月幼儿的行为案例,并分析其心理发展。

具体案例记录	
分析	
佐证	

2. 尝试以小组为单位修改思考题中设计的教育方案,每组选出一份最佳教育方案,并阐释其优缺点。尝试以小组为单位在幼儿实训室进行磨课、公开课展示。在教学实践过程中,其他小组成员应对实践小组进行评价,并提出相应的建议。实践小组进行自我总结和归纳。

项目六

19～24个月幼儿的心理发展与教育

项目目标

1. 掌握19～24个月幼儿心理发展的内容与特点。

2. 了解幼儿心理教育的基本原则和教育重点。

3. 尝试为早教、托育机构与家庭设计相关的19～24个月幼儿心理教育活动。

学习重难点

学习重点：

1. 掌握19～24个月幼儿心理发展的内容与特点。

2. 尝试为早教、托育机构与家庭设计相关的19～24个月幼儿心理教育活动。

学习难点：

尝试为早教、托育机构与家庭设计相关的19～24个月幼儿心理教育活动。

思维导图

- 19~24个月幼儿的心理发展与教育
  - 19~24个月幼儿的心理发展与教育内容
    - 19~24个月幼儿动作发展的内容
    - 19~24个月幼儿认知发展的内容
    - 19~24个月幼儿语言发展的内容
    - 19~24个月幼儿情绪发展的内容
    - 19~24个月幼儿个性与社会性发展的内容
  - 19~24个月幼儿的心理发展与教育特点
    - 19~24个月幼儿动作发展的特点
    - 19~24个月幼儿认知发展的特点
    - 19~24个月幼儿语言发展的特点
    - 19~24个月幼儿情绪发展的特点
    - 19~24个月幼儿个性与社会性发展的特点
  - 19~24个月幼儿的心理发展与教育活动设计与指0导
    - 19~24个月幼儿心理发展与教育活动设计和指导的基本原则
    - 早教机构中19~24个月幼儿心理发展与教育活动的指导要点
    - 家庭中19~24个月幼儿心理发展与教育活动的关键内容及指导

任务一
19~24个月幼儿的心理发展与教育内容

任务描述

动作是人类生存和生活最重要的一种基本能力,也是个体早期与外界环境相互作用的重要手段之一,是个体进行各种实践活动所不可缺少的重要基础。动作发展作为个体生理和心理发展的重要领域,对个体其他方面的发展,如感知觉、注意、记忆、思维、想象、言语、情绪和情感、个性以及社会性等都起着重要的作用。可以说,动作发展是0~3岁婴幼儿早期发展的重要指标。通过本节的学习,了解并掌握19~24个月幼儿心理发展的内容和意义,初步具备根据幼儿心理发展的内容观察和评估幼儿心理发展水平的能力。

(1)小组研究性学习探讨0~3岁婴幼儿动作发展的意义,完成工作表单1。

(2)结合材料《1~3岁儿童精细动作发展顺序》,标识出19~24月龄段幼儿精细动作的发展事件,完成工作表单2。

(3)结合在早教、托育机构的见、实习情况,做某班幼儿动作发展水平评估报告,完成工作表单3。

(4)小组讨论,完成19~24个月幼儿心理发展内容的思维导图(工作表单4)。

任务准备

幼儿行为观察实训室、幼儿心理发展相关文字及音视频素材、幼儿玩教具等。

操作流程

工作表单1

小组讨论

小组研究性学习:探讨0~3岁婴幼儿动作发展的意义。

工作表单2

标识19～24月龄段幼儿精细动作发展事件

结合材料《1～3岁儿童精细动作发展顺序》，标识出19～24月龄段幼儿精细动作的发展事件。

顺序	动作项目名称	年龄（月）	顺序	动作项目名称	年龄（月）
1	抓住不放	4.7	11	堆积木6～10块	23.0
2	能抓住面前的玩具	6.1	12	用匙稍外溢	24.1
3	能用拇指、食指拿	6.4	13	脱鞋袜	26.2
4	能松手	7.5	14	穿珠	27.8
5	传递（倒手）	7.6	15	折纸长方形近似	29.2
6	能拿起面前的玩具	7.9	16	独自用汤匙	29.3
7	从瓶中倒出小球	10.1	17	画横线近似	29.5
8	堆积木2～5块	15.4	18	一手端碗	30.1
9	用匙外溢	18.6	19	折纸正方形近似	31.5
10	用双手端碗	21.6	20	画圆形近似	32.1

19～24月龄段幼儿精细动作发展事件

月龄	精细动作发展事件（手部动作、手眼协调动作）

工作表单3

完成思维导图

小组讨论，完成19～24个月幼儿心理发展内容的思维导图。

工作表单4

完成幼儿动作发展水平评估报告

结合在早教、托育机构的见习实习情况，完成某班幼儿动作发展水平评估报告。

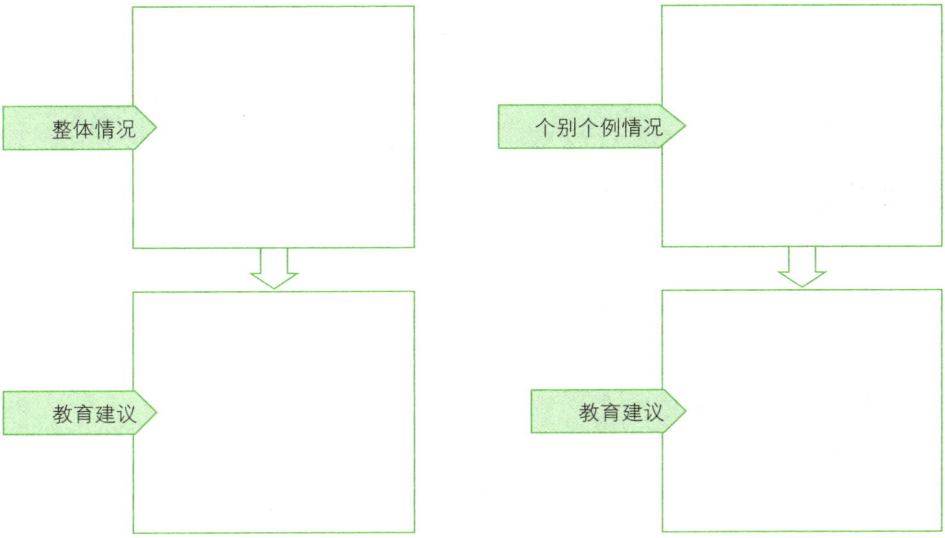

任务分析

在本任务中，需认真学习理解19～24个月幼儿动作发展、认知发展、语言发展、情绪发展、个性与社会性发展等方面的内容及意义，通过自主学习和小组合作学习，在项目活动中，通过校企合作，培养专业思维和意识，在任务达成过程中不断提升问题解决能力，初步具备根据儿童心理发展的内容观察和评估幼儿心理发展水平的能力。

学习支持

一、19～24个月幼儿动作发展的内容

19～24个月的幼儿已经能够比较独立地完成比较复杂的粗大动作和简单的精细动作，开始意识到自己可以控制自己的身体，可以将自己与身体动作区分开。在这个过程中，幼儿通过动作的发展与协调，开始更好地认识自己。

（一）粗大动作

1.躯干动作

幼儿的坐起、站立等基本躯干动作已基本发展成熟，还学会了下蹲、弯腰、跳跃等比较复杂的动作。

（1）弯腰和下蹲。幼儿动作的独立性逐渐增强，可以自己弯下腰捡东西，但还不是很灵活。幼儿不仅学会了下蹲，还会将自己的东西都放在地上，蹲着玩，并且不需要任何支撑，就可以从蹲姿、坐姿转换成站立姿势，姿势较稳，不会轻

易跌倒。随着弯腰和下蹲姿势的熟练，到2岁时，幼儿已经基本可以控制大小便，自己如厕。

(2)原地跳跃。幼儿开始学习原地跳跃动作，经过练习，不需要成人的扶持，双脚能够同时离地跳起。

2. 行走动作

19~24个月的幼儿可以独立行走，并学会了跳跃、奔跑、攀登等动作。

(1)走。19~22个月，幼儿不需要成人的扶持，就可以独立向前行走，还会尝试踮起脚尖走3~4步。23~24个月，幼儿学会了向前走和倒退走，能倒退走5步以上。如果前方有障碍物，幼儿会试着绕过去，可以跨过10 cm左右高的障碍物，但跨越障碍物的方式比较直接，还不会在遇到障碍时寻找其他方法。

(2)跑。幼儿学会了奔跑，可以连续地跑4~5 m，还会尝试走、跑交替的动作，但姿势和动作还不稳定。

(3)攀爬。幼儿喜欢爬上爬下，不仅会自己爬上桌子、椅子，还会尝试扶着栏杆用爬的方式上楼梯。1岁半时，幼儿还只能两步一级地上楼梯，但到2岁左右，幼儿就已经可以扶着栏杆或墙壁用双脚同上一级的方式上楼梯。在走到离地面最近的一级台阶时，还会尝试着双脚一起往下跳。

(4)其他动作。幼儿的动作平衡能力增强，能够沿着30 cm宽的线直走并基本保持平衡。喜欢玩球的幼儿，能够将球踢走，有方向地滚动球，并可以将球抱起，举过肩将球抛出。

(二)精细动作

1. 手部动作

19~24个月的幼儿能灵活地用手抓握、取放，两只手可以进行动作的协调与配合。幼儿可以自己拿起勺子吃饭、拿起杯子喝水，并且动作很稳，可以自己将手套、袜子、围巾等衣物从身上取下，还能够将衣服的拉链拉开与合上。在成人的帮助下，幼儿可以将两只手放在一起反复搓洗。随着手部力量的增强，幼儿还能用手推动桌椅、玩具，将玩偶、皮球等物体扔出去或者抛起来。

2. 手眼协调

手部动作的完成，在很大程度上依赖于手眼协调能力的发展。19~24个月的幼儿已经可以做出一些比较高级的手眼协调动作了。幼儿可以用拇指和食指拿起画笔在墙壁上涂鸦，虽然握笔姿势还很生疏，但已经可以拿着笔在纸上涂抹。幼儿很喜欢摆弄各种纸制品，会随意地折纸和撕纸；可以在纸上画出很长的线条，即使超出了纸张的范围，也不会停下；还会模仿成人，抱着书本一页一页地翻。19~24个月的幼儿很喜欢玩积木游戏，能够独立地平铺或叠高4~5

块积木，尝试简单的物体搭建，还能够将不同形状的积木一一放回对应的孔里。除此之外，幼儿还能够灵活地进行穿珠、拼图游戏，可以将鞋带粗细的绳子穿过珠子上的小洞，能够捏着图片上的凹凸部分尝试将3～4块大拼图拼在一起。

二、19～24个月幼儿认知发展的内容

19～24个月的幼儿在感知觉、记忆、思维、想象等认知方面的发展非常迅速，随着内在表征思维能力的发展，幼儿的感知觉运动阶段基本结束，开始逐步过渡到前运算阶段。

（一）感知觉的发展

1.感觉

19～24个月的幼儿的视觉、听觉、触觉、嗅觉、前庭觉等能力获得了迅速的提升。

（1）视觉。幼儿的视觉敏锐性逐渐提高，学会认识不同的颜色、形状，24个月时幼儿的视力可达0.5～0.6，并开始出现远近距离感。在手部动作的配合下，幼儿可以进行一些诸如穿珠、画画等比较复杂的手眼协调活动。

（2）听觉。幼儿对声音非常敏感，可以分辨出不同方向的声音来源，不仅喜欢听不同音色的声音，更喜欢不断地进行模仿与重复，并能够准确地区分声音和音调。幼儿喜欢与他人交流，会注意和模仿父母说话时的语调和语气，对他人的简单指令也逐渐能够理解，并能根据指令活动，将这些指令内化到自己的语言体系之中。此时幼儿开始有了一定的音乐喜好，对于乐曲的偏好有很明显的个人化倾向，没有客观的理由。

（3）触觉。幼儿动作独立性的增强使手从支撑外物中解放出来，可以更自由地通过双手展开对周围世界的认知与探索。触觉的重心逐渐从用口吮吸转移到用眼观察、用手触摸上。对于没有见过的东西，幼儿总会用手反复摆弄，以满足好奇心。

（4）嗅觉。幼儿的嗅觉记忆能力逐渐增强，不仅会给不同的气味贴上“喜欢”或“厌恶”的标签，还会记忆照料者的气味。当照料者不在身边时，幼儿能够借助依恋物的气味和触觉感受获得安慰。

（5）前庭觉。前庭觉是指处理前庭平衡的整个感觉系统。24个月左右的幼儿平衡能力开始发展，能够踮起脚尖走几步；能够沿着较宽的直线行走，并基本维持身体动作的平稳；能够双手端起水杯喝水，并很少把水洒出来。这些都是前庭觉得到发展的表现。

2.知觉

（1）空间知觉。空间知觉包括对物体属性（形状、大小）的知觉和对物体关系（方位、距离）的知觉两个方面。

①在对物体属性的知觉上，幼儿能够识别方形、三角形、圆形三种形状，并能根据物体的形状对物体进行分类；能够按照大小对物品进行套放和排列。

②在对物体关系的知觉上，幼儿对于上下、左右、前后的知觉概念还比较模糊，但能够根据他人言语与动作的提示，向对应的方向移动或完成特定指令。对于19~24个月的幼儿来说，这种方位知觉能力需要具体实物的支持，幼儿无法理解方位的概念，也无法用语言进行具体表述，只能使用“这”“那”等指代物体的方位。幼儿对远近距离知觉虽有了视觉上的一定感知，但对某一物体距离的判断仍缺乏准确性。比如幼儿会认为在二楼的妈妈离自己很近，而想要伸手让妈妈抱。

（2）时间知觉。时间知觉指对客观现象延续性和顺序性的感知，换句话说，就是个体对时间、时序的感知能力。19~24个月的幼儿还无法认识和理解钟表上的时间，对于时间的认知主要是依靠生理的变化体验，对时间形成了模糊的概念，但对年龄、季节等缺乏明确的概念。幼儿能够通过周围现象的变化做出大致的时间判断，当进入黑暗的环境时，会认为天黑了；当环境忽然变得明亮，会认为天亮了。

（二）记忆能力的发展

1.识记

受周围环境的影响，19~24个月的幼儿的记忆没有目的性，内容具有很强的经验性与选择性。他们喜欢形象鲜明的事物，会将日常生活中感兴趣的、具有深刻情绪体验的事物记忆下来。本阶段幼儿的识记是机械式的、片段式的，不仅缺乏准确性，还容易遗忘，需要借助事物的外在形象及多次的重复才能够牢牢记住。

2.回忆

对事物能够进行回忆和再认是该阶段幼儿记忆发展中最典型的内容，语言的发展使幼儿回忆和再认的内容发生了很大变化。在与周围事物接触的过程中，幼儿逐步表现出运用语言、动作对某一事物或行动的回忆、再认能力。对于一些引发幼儿极端情绪体验的活动，幼儿的记忆能够保持很长一段时间。比如，幼儿去医院打过一次针之后，过两个星期看到穿白大褂的医生，仍然会感到害怕而哭闹不止。

3.延迟模仿

虽然9~12个月时，婴儿已经出现了延迟模仿能力的萌芽，但这种能力真正出现是在1岁半时。幼儿在看到什么、听到什么时，可能并不会出现即时的反应，经过一段时间之后，却会在某个时刻出现对之前语言或行为的模仿。这种非当时出现，过一段时间后突然出现的模仿行为，就是延迟模仿。幼儿延迟模仿能力的出现，标志着其记忆能力的显著提升。

（三）思维能力的发展

19～24个月的幼儿开始能够将看到的、听到的一些感兴趣的东西内化为自己的经验，会开始尝试通过试误的方法解决问题，概念能力、判断推理能力、注意力、想象力等思维能力开始萌芽，并迅速发展。

1. 概念能力

（1）类概念。

24个月的幼儿已经能够根据动物的外形、声音对其进行分类。19～24个月的幼儿的类概念能力发展很快，他们能说出日常生活用品的名称和用途，能根据用途将物品配对（如知道将盖子放到茶壶上）。受语言发展水平的限制，幼儿主要是通过手部的操作，依据形状、颜色、声音等外在特征对不同的事物进行分类，尚不能很好地用语言表达分类的理由。此外，当两个及以上有典型外在特征的物体混在一起时，幼儿会发生一定的认知混乱，无法正确地完成分类。

（2）数概念。

数概念包括数与量的对应关系、数序、数的组成三个方面。

①对数量对应关系的认识。19～24个月的幼儿已经有了多少的概念，可以通过数量对两堆物体进行判断和分类。语言能力的发展，使他们逐渐能够熟练地进行口头数数。幼儿喜欢唱与数字有关的儿歌，在数数时如同说顺口溜，从“1”开始，一口气往下数，受到环境干扰时，就无法再接着往下数，经常会出现错数、漏数的现象。24个月的幼儿开始明白“1”是指一个物体，而说到“2”“3”等数字时，则是指对应的多个物体，但对数与量的关系理解并不十分明确，表现为能够做5以内的按物点数，但无法说出总数，也不能很好地完成按数取物。

②对数序的认识。幼儿在口头数数时接触到数序的概念，能够从1开始，从小到大依次数数，但对于数序的理解是内隐式的，无法用语言表述，对数的左邻右舍的关系无法很好地理解。

③对数的组成的认识。19个月的幼儿对加减法有了一定的认识，能做加数或被减数在2以内的加减法运算，到24个月时，已经可以做3以内的加减法运算。

（3）空间概念。

19～24个月的幼儿不仅喜欢玩积木，还能够将积木垒起来，构建一些基本的空间关系。幼儿开始知道空间是一个概念，具备了里外、前后、上下的空间意识，当成年人要求幼儿去桌子上拿一个玩具时，幼儿能够做出准确的动作。如果一个玩具被父母藏了起来，幼儿知道玩具还在，并会去不同的地方翻找。但是，本阶段的幼儿对于空间概念的掌握，需要语言和具体实物的支持，也不能使用语言准确地表述某一物体的方位，空间概念的理解能力还较差。

2.判断推理能力

19个月的幼儿开始出现较低层级的判断与推理能力。遇到问题时，幼儿会尝试先思考再行动，并在行动中经过不断试误调整问题解决的方法。在积累了一定的经验之后，幼儿的独立思考能力得到了明显的提升，具备了初步的问题分析能力。

3.注意力

幼儿注意力维持的时间会随着年龄增长而增长，19个月的幼儿对感兴趣的事物的注意力的时长在5分钟左右，到24个月时注意力的平均时长为7分钟。幼儿会格外注意一些造型夸张、颜色艳丽的事物，喜欢新奇、刺激以及反复出现的东西。幼儿还会开始关注与自己有关的事情，会记住爸爸妈妈说的与自己有关的一些话，并很好地完成他人的指令与要求。幼儿对手机、电视影像等电子媒介中的视频内容难以产生较长时间的注意力。很多时候，父母以为孩子看了很长时间的电视，但其实幼儿对视频影像的注意时间只持续了很短的时间。如果照料者在一旁提供一些幼儿喜欢的游戏，他们会很容易将注意力转移到游戏上。

4.想象力

想象是对头脑中的已有表象进行加工以重新构建新的形象的过程。想象与记忆不同，记忆是已有形象的重新出现，而想象则是以已有表象为基础，进行新的改造与加工。在1岁半以前，幼儿的记忆虽然已经有了一定的发展，但缺乏概括性，不足以成为想象的基本材料。到19～24个月，幼儿开始出现想象的萌芽，能够借助动作和语言将头脑中的想象表现出来。幼儿思维能力的发展离不开想象。首先，想象是理解的必要条件，幼儿通过想象把眼前的事物与已有的认知经验联系在一起，来理解一些经验以外的新事物。幼儿最初的想象比较简单，是一种新情境下的记忆激活，没有具体的情节，只是一种简单的联想。幼儿会在游戏中加入想象的成分。比如拿着瓶子给娃娃喂水，周围的一切物品都是可替代性的，他们甚至会拿着吸管假装体温计，拿着小石头当作食物给娃娃做饭吃。其次，想象力促进了表征能力的激活，使幼儿的心理过程逐渐内化。比如幼儿的头脑中已经形成了对妈妈的形象表征，当妈妈不在身边时，幼儿会因为想起妈妈而一直沉浸在悲伤中。最后，幼儿开始能够理解照料者的语言，并通过联想做出相应的行为动作，当妈妈说“吃饭了”的时候，幼儿会主动地坐到餐桌旁边。

三、19~24个月幼儿语言发展的内容

19~24个月的幼儿对于日常用品的名称、他人的叙述性语言能够很好地记忆,词汇量激增,开始能说一些完整的简单句,语言的交流与表达能力显著增强。

(一)语音

1.发音

到21个月时,幼儿的语音知觉能力基本发展成熟,能够将语音和语义联系起来理解,但还不能够准确、流利地发出一些特殊的音节。幼儿的唇音(嘴唇发出的辅音,如“b”“p”等声母)和舌面音(舌面前部抵住或接近硬腭前部,气流受阻碍后形成的音,如“j”“q”等)已经能够基本掌握,但舌根音(按发音部位分类的辅音,如“g”“h”等)的发音还不清晰,会把“gege”发成“dede”,把“huahua”发成“fafa”。

2.语调

19~24个月的幼儿对音调、音色非常敏感,能够模仿他人说话的语气和语调,还会通过语调的变化来表达自己的情绪。幼儿会声情并茂地使用语言来模仿爸爸妈妈说话,能跟着正在播放的音乐哼唱。不同气质类型的幼儿,说话时的语调是不一样的,有些幼儿经常会大喊大叫,被父母认为是脾气不好,但有时他们可能只是在大声地表达自己激动的心情。

(二)词汇

1岁半以后,幼儿进入了“词汇爆炸”时期,平均每天都能习得1个新的词,能够基本掌握日常生活用品的词汇,对词义的理解与概括水平提高。

1.词汇量

19个月时,幼儿已经能够说出90个左右的词,之后幼儿对新词的掌握速度突然加快,20个月大的幼儿平均每天都能学会一个新的词,大部分幼儿可以说出100个以上的词。到24个月时,幼儿的词汇量有了突破性的进步,基本能够掌握200~300个词。

2.词类

本阶段的幼儿所掌握的词汇以名词和动词为主。19~20个月的幼儿基本习得了与生活相关的日常用品词汇,到21个月时,开始掌握一些基本的动词(如走、拿、打等)和描述物体特征(如形状、颜色)的形容词,逐渐懂得了“你”“我”“他”的概念,知道“我”是指代自己,也明白了“我”和“我们”的指代对象是不一样的。幼儿会使用“这个”“那个”来代替之前的“嗯嗯”加手势动作,以此让他人帮助自己获得想要的东西。

3.词义

随着思维能力的发展,幼儿对词汇的理解和概括水平提高。19~24个月的

幼儿能够根据事物的外部特征来记忆和理解词汇，能够使用某一个词对某一类事物进行概括。但受认知发展水平的限制，幼儿会出现“词义泛化”和“词义窄化”的现象，认为带翅膀的动物都是小鸟，而只有自己的玩具车才是车车。

（三）句子

1. 句子结构

幼儿已经开始能够使用一些简单的、完整的双词句，句子的结构包含了主语、谓语、宾语等基本成分，但很少使用带有语法功能的虚词。幼儿还学会了一些简单的疑问句，当想要获取或者想要理解某个东西、某件事情时，幼儿会使用“这是什么”来代替之前的手势动作。24个月左右，幼儿开始使用一些复合句，基本结构是两个双词短句的拼接，还不会在句子之间使用连接词。比如，在吃饭前，幼儿只会说“洗手，吃饭”，还不会使用“先……后……”将句子连起来。

2. 句子长度

19～24个月的幼儿能够使用2～3个词组合成的句子来表达自己的想法和感受，如“宝宝睡”“妈妈抱”等。幼儿会把看起来没有关联的词汇放在一起，组合成一句话，虽然表达形式比单词句更明确，但这种句子通常是省略的、断续的，常常词不达意，类似成人的电报文件，因此这一阶段，幼儿所说的句子也被称作“电报句”。

（四）语用技能

1. 语言表达

词汇量的积累，使幼儿有了使用语言表达自己意愿与需求的强烈愿望。幼儿会一天到晚说个不停，不仅喜欢缠着妈妈讲故事、念儿歌，也喜欢看着图画书给妈妈讲故事，故事的情节与书上的故事内容通常是不一致的，即使妈妈讲过很多遍，幼儿依然会按照自己的理解去讲。幼儿还喜欢跟在妈妈身后不停地提问，对于看到的事物，总是有无尽的求知欲望。幼儿在会说话之后，便不再满足于仅通过说话来与他人交流了，而是喜欢像唱歌一样说话，像说话一样唱歌，虽然不能理解儿歌的内容，却能一字不漏地背诵下来。由于幼儿的语言表达能力与思维能力之间存在一定的差距，当无法用语言准确表达自己的感受时，可能会非常着急，通过大哭大闹的方式来获得父母的注意。

2. 语言交流

幼儿喜欢跟父母说话，开心时会一直不停地与父母做问答游戏。19～24个月这一阶段，幼儿开始理解“不”字的意义，经常与父母辩论，对不喜欢的东西说“不”，对不想做的事情说“不”。幼儿还会观察他人的语气和态度，会在他人悲伤时，模仿成人的安慰方式，一边说“别哭”，一边做出“拍拍”的动作；当自己说的话引起他人愉悦的反应时，会更加兴高采烈地说个不停。除此之外，幼儿还能使用“你好”“再见”等基本礼貌用语与周围的人打招呼。

四、19~24个月幼儿情绪发展的内容

（一）情绪表达

18个月之后，幼儿在开心和悲伤的基本情绪上分化出喜欢与嫉妒等复杂情绪。24个月时，幼儿听觉上的发展会使他们的惧怕情绪增强，会害怕雷声、陌生动物的叫声；在视觉上会对庞然大物产生恐惧。随着自我意识的逐渐增强，幼儿会由于某种欲望动机而产生嫉妒心理。为了引起成人的注意，幼儿会哭闹、撒娇、搞破坏，甚至还会发怒。在与他人交流的过程中，幼儿会留心对方的态度，以此来评价自己言语和行为的好与坏，被批评时会产生羞愧感。

（二）情绪调节

幼儿的情绪调节能力并不是与生俱来的，24个月以前，幼儿的情绪调节能力需要依靠成人的支持。幼儿在哭泣时，需要成人的耐心抚慰才能逐渐舒缓情绪。1岁半以后，幼儿能够根据成人的表情和行为线索来调节自己的情绪与行为。如果父母的表情过于严肃，幼儿会产生害怕和退缩；当看到父母开心时，幼儿也会跟着手舞足蹈。

五、19~24个月幼儿个性与社会性发展的内容

19~24个月的幼儿开始有了明显的自我意识，动作与思维的独立性逐步增强，生活适应能力、社会交往能力发展迅速。

（一）个性发展

1. 自我意识

19~24个月的幼儿不仅习得了“我”的概念，对“我”的意识也明显增强。在平时生活中，他们最经常说的话就是“我的”。这一阶段的幼儿有了所有权的意识，一旦认准了某个东西是自己的，就很难轻易将东西分享给别人。幼儿很护着自己的玩具，如果别人拿走自己的玩具放在了别的地方，幼儿会将其拿走，放回自己的玩具箱，但对玩具还不能足够用心地爱护，经常会对玩具做“破坏”工作来一步步探索玩具中的奥秘。幼儿开始有了一定的自律能力，在尝试做自己喜欢的事情时，会学着感受父母的情绪。但当父母看到幼儿做危险的事情而厉声阻止时，幼儿会觉得爸爸妈妈“不爱我”，从而产生沮丧心理。

2. 独立性

1岁半以后幼儿的独立性不断增强。他们可以自己一个人玩15分钟左右，对于自己喜欢的玩具，不论是放在桌子上、盒子里，还是房间中的各个角落，幼

儿都会主动去拿，不再会寻求父母的帮助。这一阶段的幼儿喜欢模仿成人的行为，会照着父母的样子做家务。拿着扫把打扫，把盆子拿出来帮妈妈洗菜，只要是爸爸妈妈在做的，幼儿都会想要尝试。在不断地模仿与尝试的过程中，幼儿逐渐习得一系列的生活技能，能够更加独立地、主动地完成一些较为简单的活动，并在成人的肯定中获得自我满足。

（二）社会性发展

1.亲子关系

2岁以前，幼儿最喜欢亲近的人是妈妈。2岁之后，幼儿开始亲近其他的照料者，对兄弟姐妹和周围的小朋友也能够表示出友好的行为，很乐意和他人一起玩耍。但本阶段的幼儿并不会主动地亲近周围环境中不经常接触的、不太熟悉的人。即使对方很友好，幼儿也只会自顾自地玩游戏。但是，如果照料者不在幼儿身边时，幼儿独自玩耍的时间不会很长，即使是很喜欢玩的游戏，幼儿也无法专心致志地接着玩，而是会开始到处寻找照料者。当幼儿发现照料者依然在自己能够看得到的地方时，才会放下心来，接着进行自己的活动。随着认知发展水平的提升，幼儿开始通过语言、动作等多样化的方式从照料者处获取想要了解的信息，不仅会问“这是什么”“为什么”等问题，还会通过瞪眼睛、翘起嘴巴、扬起眉毛等面部表情动作来表达自己的疑惑。幼儿很喜欢以这样的方式与照料者进行交流与互动。通过这样的方式，幼儿不仅提高了认知水平，也与照料者建立了更加亲密的关系。

2.同伴关系

19～24个月的幼儿能够独立行走，主动与别人交流，在同伴交往中开始出现诸如“追赶与躲藏”“给予与接受”等互补式的交往行为，在积极的同伴关系中会出现微笑、拍手等正向的表情与动作。从20个月左右开始，幼儿逐渐能够接受并喜欢与其他的小朋友一起在同一个空间游戏，在不熟悉的时候互不打扰，通过观察、模仿同伴的行为之后，能够逐渐熟悉起来，同伴交往的时间增长。但幼儿还缺乏一定的合作意识，即使有父母的引导，也不是很愿意与他人分享自己的东西。由于强烈的自我中心化倾向，幼儿的同伴交往中会产生许多明显的攻击性行为，这种攻击性行为通常是无意识的，幼儿并不是想要伤害同伴，只是一种自我意识的外化表现。

学习评价表

主题	内容	优秀	良好	一般	较差	很差
学习态度	能准时参加全部课程,按时提交作业,及时查阅教师上传的学习材料	5	4	3	2	1
专业知识	理解19~24个月幼儿动作发展、认知发展、语言发展、情绪发展、个性与社会性发展等方面的内容及意义	5	4	3	2	1
研讨精神	积极参与讨论,对其他人的发言能提出合理的分析和见解	5	4	3	2	1
团队协作	能很好地融入课堂小组讨论,共同推进学习进程	5	4	3	2	1
沟通交流	能够清晰准确地表达自己的观点,与他人交流时态度语气恰当	5	4	3	2	1
人文素养	能够关注人文社科知识,有意识地树立职业精神	5	4	3	2	1
信息素养	会检索常见的婴幼儿保教专业文献数据库,主动阅读相关文献	5	4	3	2	1
实践应用	能根据19~24个月幼儿心理发展的内容初步观察和评估幼儿心理发展水平	5	4	3	2	1

推荐阅读

1.吴桂花,等.社区6~24月龄婴幼儿社会认知发展水平评价[J].中山大学学报(医学科学版),2015,36(4):520-525.

2.Dahl A, Schuck R K, Campos J J. Do Young Toddlers Act on Their Social Preferences? [J]. Developmental Psychology,2013,49(10):1964-1970.

3.Svetlova M, Nichols S R, Brownell C A . Toddlers' Prosocial Behavior: From Instrumental to Empathic to Altruistic helping[J]. Child Development,2010,81(6):1814-1827.

任务二

19～24个月幼儿的心理发展与教育特点

任务描述

心理发展是指个体在整个生命历程中所发生的一系列积极的心理变化，包括动作、认知、语言、情绪、个性和社会性发展等五个方面。由于遗传、环境和生活实践等方面的影响，19～24个月的幼儿在发展时间和变化内容上表现出共同的特点，发展带有一定的普遍性。与此同时，遗传素质、社会生活水平、教育条件、生活经历等方面的差异，使每个幼儿在心理发展速度、心理活动内容、心理发展水平等方面都有着不同于他人的特点。19～24个月的幼儿在大肌肉动作、精细动作、认知、语言、情绪、个性与社会性等方面的发展迅速，尤其是语言能力、记忆能力、思维能力等方面较之前有了飞跃式的发展。通过本任务的学习，了解并掌握19～24个月幼儿心理发展的特点，能结合幼儿年龄阶段阐述19～24个月幼儿动作、认知、语言、情绪、个性与社会性发展的特点，并能根据幼儿心理发展的年龄特征实施促进学前儿童的身心健康和谐发展的教育，解决实际问题。

（1）小组研究性学习，通过自主学习和合作学习深入探讨19～24个月幼儿认知发展的特点，思考19～24个月幼儿认知心理培养的策略和方法，完成工作表单1。

（2）案例与分析，结合案例分析儿童个性与社会性发展的特点，完成工作表单2。

（3）实践实训，通过见习活动，仔细观察一名19～24个月幼儿在教育活动中注意过程的表现，详细记录其注意稳定时间和分散次数，把观察结果填入幼儿注意特点鉴定表（工作表单3）。运用所学有关理论知识，初步分析执教教师在教育活动组织中的优缺点。

（4）小组讨论，完成19～24个月幼儿心理发展特点的思维导图，完成工作表单4。

任务准备

托育机构幼儿行为观察实训室、幼儿心理发展相关文字及音视频素材等。

操作流程

工作表单1

小组研究性学习

探讨19～24个月幼儿认知发展的特点。

认知发展	特点
感知觉发展	
注意发展	
记忆发展	
思维发展	
想象发展	

思考与拓展：
19～24个月幼儿认知心理培养的策略和方法举例。

工作表单2

案例分析

朵朵2岁了，妈妈发现了她有很多不一样的地方。朵朵小小年纪居然这么臭美，特别喜欢照镜子，看到镜子就不愿意离开，左照右照，似乎总也看不够。朵朵经常会对着镜子做各种表情与动作，一会儿傻笑，一会儿皱眉，一会儿把手举起来，一会儿又将头伸过去，仿佛要钻到镜子里去。当爸爸妈妈给朵朵看照片时，她不仅能从照片中认出爸爸妈妈，还能从照片中找到自己，看到自己的照片，朵朵会不停地指着照片中的人叫着自己的名字，还一直发出“咯咯”的笑声，玩得不亦乐乎。

请结合案例，分析朵朵的“自恋”的行为，总结19~24个月幼儿个性与社会性发展的特点。

工作表单3

实践实训

通过见习活动，仔细观察一名19～24个月幼儿在教育活动中注意过程的表现，详细记录其注意稳定时间和分散次数，把观察结果填入幼儿注意特点鉴定表。运用所学有关理论知识，初步分析执教教师在组织教育活动中的优缺点。

幼儿月龄__________

观察项目	注意稳定性持续总时间	分散次数	注意稳定性			注意转移能力		
			优	中	差	优	中	差

鉴定人__________

执教教师在组织教育活动中的优点：

执教教师在组织教育活动中的缺点：

工作表单4

小组讨论

完成19～24个月幼儿心理发展特点的思维导图。

任务分析

通过前期的学习，已初步了解19～24个月幼儿的心理发展与教育内容，在本任务中需认真学习理解19～24个月幼儿动作发展、认知发展、语言发展、情绪发展、个性与社会性发展等方面的特点，通过小组研究性学习，掌握儿童心理发展的特点和规律。学以致用，能够运用相关理论知识分析和解决实际问题。

学习支持

一、19～24个月幼儿动作发展的特点

（一）动作独立性增强

1岁半左右的幼儿喜欢蹦蹦跳跳，能够自己完成原地跳跃动作，除走、爬等基本动作之外，还陆续学会了一些较为复杂的行走动作，以满足运动的需要。幼儿开始能够手扶着栏杆上楼梯，会踢皮球，并且能够连续奔跑，但姿势仍不熟练。伴随着走、跑、爬、踢等动作独立性的增强，幼儿可以自如地进行动作之间的转换。

（二）手部动作更加灵活

幼儿开始出现用某只手操作工具的偏好。随着抓握姿势的熟练，幼儿开始尝试根据工具的特点来使用工具，以满足自己的好奇心。幼儿能够将球抱起，并进行投掷动作；能够捏着拼图上的凹凸部分进行拼图；能够将积木垒高，开始简单的搭建游戏。幼儿的手眼协调能力也逐渐提高，能够将棍子、积木插进孔里。

二、19～24个月幼儿认知发展的特点

（一）感知觉发展的特点

1.视听能力发展迅速，区分能力增强

19～24个月的幼儿大脑发育迅速，视觉与听觉也发展得很快。24个月时幼儿学会认识红、绿、黄三种颜色以及圆形、方形、三角形三种形状，并能够根据颜色和形状进行分类。在听觉方面，幼儿对声音的敏感性提高，不仅喜欢听不同音色的声音，更喜欢不断地进行模仿与重复，并能够准确地区分声音和音调。

2.感官运动与思维建立表征关系

19～24个月的幼儿开始尝试运用身体动作以外的方式，"思考"新的方式与方法。尽管尚需借助外部动作，幼儿已经可以使用大脑对事物进行表征，并开始表现出敏锐的观察能力，通过模仿与试误来解决眼前的问题。幼儿的这种在探索与发展中的身体动作与思维的"内部联合"方式，标志着其感知觉运动发展进入了一个新的阶段。

（二）记忆发展特点

1.以形象记忆和机械记忆为主

幼儿从出生开始就尝试通过各种感官探索世界并产生记忆。19～24个月的幼儿不仅喜欢形象鲜明、生动的事物，还能够根据物体的特征进行记忆与区分，形象记忆的能力有所提升。但本阶段的幼儿仍以机械记忆为主，想到什么就记忆什么，对于见到的、听到的事物并不理解。由于自制力较差，幼儿的记忆容易受到环境的影响，没有明确的目的性，只会对感兴趣的事物加以记忆。

2.记忆保存和提取能力增强

19～24个月的幼儿不仅能够记住家庭成员、日常用品的名称，记忆的保存时间也更长。他们能够记住几个星期以前的事，并能够对几天之前发生的事情与片段进行回忆。除此之外，延迟模仿是此阶段的幼儿记忆发展中的一个典型特征。幼儿看到什么、听到什么，不会当时、当地就进行重复式的模仿，而是在一段时间以后出现言语、动作上的模仿行为。延迟模仿的出现，使幼儿逐渐开始发展从表象中提取抽象概念的能力，对外在世界的好奇心与探索欲进一步增强。

（三）思维发展的特点

1.思维的直觉性较强，概括性水平较弱

在动作与思维发展的过程中，伴随着语言的习得，幼儿的概念表征能力逐渐增强，但尚未形成完全的抽象思维能力。在遇到问题时，幼儿不会先思考再行动，而是凭借自己的直觉，边行动边思考，将对物体的感知与自己的行动结合

起来，在行动中不断思考问题的对策。在不断的“试误”中，幼儿开始形成对问题的分析与判断能力。此外，尽管幼儿已经可以根据物体的形状、颜色等特征进行区分和归类，但这种概括能力仅局限于幼儿生活中经常出现的熟悉事物，幼儿依据事物的外部特征进行归纳，对事物的本质属性缺乏理解。

2. 思维表征方式的发展水平进一步提升

概念是思维的基本形式，是对事物本质特征的反映。19～24个月的幼儿能够依据事物的形状、颜色等外在特征对事物进行归类，并能说出归类的理由。幼儿开始学习口头数数，明白“1”是指一个物体，而“2，3…”则表示多个物体，但并不能很好地将说出来的数字与物体进行对应，尚未形成按数取物或按物点数的能力。除此之外，幼儿已具备根据物体形状对几何图形进行区分的能力，但尚未发展出物体守恒的概念，会认为从不同角度看到同一物体，其形状已经发生了改变。

三、19～24个月幼儿语言发展的特点

（一）词义理解更深入，词汇量激增

1岁半以后，幼儿对词汇的记忆和理解速度明显加快，到2岁时，已经能够理解300个左右的词，能够表达250个左右的词。幼儿所掌握的词汇以周围生活中的熟悉事物为主，除了日常生活用品、身体器官、动物名称外，开始能够用名称称呼自己和家庭成员，也基本能够理解和掌握表示身体动作、个人意愿的动词。随着对词汇理解程度的加深，幼儿的语言概括能力也逐渐增强，幼儿开始能够使用某一个词对某一类事物进行概括。但受认知发展水平的限制，幼儿会出现“词义泛化”和“词义窄化”的现象。

（二）句子结构简单，以双词句为主

19～24个月的幼儿所掌握的词以名词和动词等实词为主，能够使用简单的句子表达自己的想法和要求，但还不会使用具有语法功能的虚词。幼儿所能说出的句子的结构比较简单，能连着说3～4个词，长度大部分在5个字以下；句子的结构不完整，表达形式通常是简略的、断断续续的双词句，常会出现省略主语、谓语的现象。虽然句子的结构比较松散，但幼儿已经能与人对话，喜欢与人交谈，并能够回答一些简单的、与生活相关的问题。

四、19～24个月幼儿情绪发展的特点

（一）情绪的理解与表达能力增强

1岁半以后，除了快乐、悲伤等基本情绪，幼儿逐渐能够体会到羞愧、尴尬、同情、内疚、自豪等与自我意识相关的复杂情绪，并且能够在与他人的对话和游

戏中使用情绪语言。从1岁末到2岁，随着幼儿自我意识的增强，其情绪调节能力也有了很大进步，可以有意识地通过肢体动作和行为来表达和控制自己的情绪，能够主动地表达对他人的喜欢之情，并可以表达出诸如自豪、同情等一些复杂的情绪。除此之外，幼儿的共情能力开始萌芽，幼儿能够通过观察他人的表情产生相应的情绪反应。

（二）情绪的社会性参照能力发展迅速

随着识别与理解能力的增强，19～24个月的幼儿情绪的社会参照能力出现并迅速发展。他们会观察他人（照料者、陌生人）的行为，以此为参照做出判断与行动。照料者的面部表情与声音语调会在很大程度上影响幼儿对出现在身边的陌生人的判断，从而产生对不熟悉的人或物的趋近或回避行为。19～24个月的幼儿已经可以很好地识别他人的面部表情，能够联系面部表情理解情绪词语，并会在他人悲伤时，尝试模仿成人的语言与动作，表现出安慰行为。

五、19～24个月幼儿个性与社会性发展的特点

（一）客体自我意识出现

19～24个月的幼儿能够使用第一人称“我”来称呼自己，当他人叫自己的名字时，能够意识到自己与名字之间的联系，开始尝试在生活中将名字与想要的事物组成简单的句子（如“宝宝要”“宝宝喝水”等）来表达自己的愿望与诉求。在使用感官探索世界的过程中，幼儿意识到自己能够控制不同部位的身体动作，并能从照片、镜子等客体中认出自己，通过性别、种族、发色等外在特征将自己与他人区分开。这些现象都表明，幼儿的客体自我意识初步形成。

（二）开始形成性别角色意识

幼儿一出生，父母就会通过姓名、衣物、装饰、玩具、日常用品、行为习惯、生活方式等方面来对孩子的性别进行标记与区分。随着思维能力的发展，2岁的幼儿会通过观察成人的行为与态度，以典型的外在特征来对周围的男性与女性进行区别和判断。幼儿开始懂得某些性别意义不同的词是固定地属于某一性别的。但本阶段幼儿的性别认同比较局限，随着发型、衣服的改变，他们对性别的认识也会随之变化。幼儿的性别认同能力要到6～7岁以后才逐渐趋于稳定。

（三）善于尝试，独立自理能力增强

语言与认知水平的提高使幼儿开始不断大胆地尝试与探索新鲜事物，并愿意主动地在熟悉的人面前表现自己，希望获得认可与肯定。在生活中，幼儿会展现出很多强烈的自我表现意识，如要求自己如厕、自己穿衣服、自己梳头发等。幼儿也开始逐渐有了自己的审美，会在挑选衣物、玩具时表现出明显的偏好。

（四）同伴交往中出现亲社会行为和明显的攻击性行为

19～24个月的幼儿，共情能力开始萌芽，在与他人交往的过程中，会通过观察他人的表情与言语理解他人的情绪，会在他人开心时手舞足蹈，在他人难过时给予安慰。除了有较强的独立性，幼儿还会模仿成人的语气与动作，尝试帮助他人。在同伴交往中，幼儿开始能够与其他同伴一起游戏，并将自己的东西分享给同伴。

学习评价表

主题	内容	优秀	良好	一般	较差	很差
学习态度	能准时参加全部课程，按时提交作业，及时查阅教师上传的学习材料	5	4	3	2	1
专业知识	理解19～24个月幼儿动作发展、认知发展、语言发展、情绪发展、个性与社会性发展等方面的特点	5	4	3	2	1
研讨精神	积极参与讨论，对其他人的发言能提出合理的分析和见解	5	4	3	2	1
团队协作	能很好地融入课堂小组讨论，共同推进学习进程	5	4	3	2	1
沟通交流	能够清晰准确地表达自己的观点，与他人交流时态度语气恰当	5	4	3	2	1
人文素养	能够关注人文社科知识，有意识地树立职业精神	5	4	3	2	1
信息素养	会检索常见的婴幼儿保教专业文献数据库，主动阅读相关文献	5	4	3	2	1
实践应用	能够根据19～24个月幼儿心理发展特点分析和解决早教、托育机构中的实际问题	5	4	3	2	1

推荐阅读

张鑑如，杜丽静.2岁幼儿亲子共读互动型及性别差异研究[J].教育与教学研究，2019，33（7）：80-94.

任务三

19～24个月幼儿的心理发展与教育活动设计与指导

任务描述

19～24个月幼儿的教育活动主要包括早教、托育机构的活动和家庭中的活动。19～24个月的幼儿在动作、语言、思维认知等方面的发展已经有了很大的进步,在教育中要创设宽松、自由的环境,让幼儿多听、多看,通过注意力的培养来保护幼儿的求知热情,为幼儿提供主动的问题解决的机会。另外,应注意与家长建立平等、尊重、合作的良好互动关系,让家长成为活动的参与者、观察者、引导者;注重亲子活动对家庭的迁移影响,实现家长、宝宝、指导教师的共同成长。

(1)小组研究性学习,探讨早教、托育机构和家庭中19～24个月幼儿心理发展与教育活动的指导要点,完成工作表单1。

(2)案例分析,对于语言发展稍滞后的小朋友,分析教师在亲子活动设计时应如何考虑到孩子的具体情况,指导家长开展亲子活动,并完成工作表单2。

(3)个人任务,请根据19～24个月幼儿社会性发展的内容和特点,设计一个恰当的亲子游戏,完成工作表单3。

(4)小组合作学习,设计1～2个促进19～24个月幼儿心理发展的机构活动方案,完成工作表单4。

任务准备

幼儿行为观察实训室、0～3岁幼儿亲子活动实训室,幼儿心理发展相关文字及音视频素材等。

操作流程

工作表单1

小组研究性学习

探讨早教、托育机构和家庭中19～24个月幼儿心理发展与教育活动的指导要点。

心理发展内容	指导要点
动作发展	

续表

心理发展内容	指导要点
认知发展	
语言发展	
情绪发展	
个性与社会性发展	

思考家庭中19～24个月幼儿心理发展与教育活动的关键内容及指导策略。

工作表单2

案例分析

棒棒小朋友是一个比较内向的小男孩，但他特别喜欢笑，每次笑起来，那两只眼睛就眯成了两条月牙形的线，让人感觉就像吃了蜜糖一样甜，可爱极了，教师们都特别喜欢他。可是棒棒总是一个人玩，他刚来亲子园时年龄是1岁零8个月，语言发展正处在发单字音的阶段，还不能说比较连贯的词，如"老师"，他只能很费力地说出模糊的"师"音。棒棒的父母亲从事个体事业，工作比较忙，他们都非常爱棒棒，很重视孩子的发展，经常也会抽出一点时间与教师交流，问问孩子的表现。棒棒平时都是由爷爷奶奶照顾，经常是奶奶带来亲子园参加活动的。

教师在亲子活动设计时应如何考虑棒棒这样一个语言发展稍滞后的小朋友，有针对性地对他开展活动，并指导他的家长开展亲子活动？

工作表单3

个人任务

请根据19～24个月幼儿社会性发展的内容和特点，设计一个恰当的亲子游戏。

工作表单4

小组合作学习

设计1～2个促进19～24个月幼儿心理发展的机构活动方案。

任务分析

通过前期的学习，已初步了解19～24个月幼儿心理发展的教育内容及特点。通过学习本任务内容，进一步理解和掌握0～3岁幼儿身心发展的各个领域核心能力及其发展规律和特点，在此基础上学习并掌握19～24个月幼儿早期教育指导活动的设计、组织、实施的教育教学技能，以及指导家长进行早期教育的基本原则、途径和策略。树立现代的儿童观、教育观和教师观，形成主动、认真、严谨、爱岗敬业的职业精神，不断提高教育专业素养和专业技能。

学习支持

一、19～24个月幼儿心理发展与教育活动设计和指导的基本原则

（一）培养幼儿的主动性和独立性

19～24个月的幼儿自我意识增强，喜欢按照自己的意愿去做事。此阶段的幼儿由于动作思维能力的发展，喜欢尝试新鲜事物，即使遇到潜在的危险，也不会停下探索与求知的脚步。幼儿开始要求自己走路、自己吃饭、自己如厕，虽然还不能很好地完成，但对于幼儿来说，这些经验能够让他们获得极大的满足感。因此，成人不要总是担心幼儿会把衣服弄脏，会把屋子弄得乱七八糟，会有某些危险，因而帮幼儿包办一切。此阶段的幼儿非常需要通过这些主动性的探索经验来进一步认识周围的世界。家长不妨在没有危险的情况下，放手让儿童自己去活动，让他们在尝试中吸取教训、经验，品味独立思考、解决问题的乐趣。

（二）保护幼儿的探索欲望，为幼儿提供解决问题的机会

19～24个月的幼儿可以独立地行走，对于周围世界的各种物品都要看一看、闻一闻、摸一摸、尝一尝。在活动的设计与组织中，要将保护幼儿的求知热情放在第一位，设置开放性环境，为幼儿提供可以探索的物质材料，但不要事先讲解具体的规则，要让幼儿自己去探索，成人在旁边观察幼儿的行为，当幼儿遇到困难时，再介入指导。在亲子活动中，父母不要为了完成某项指定任务而在一旁不断地帮助幼儿，这种帮助有时候恰恰是一种负面的干扰，会阻碍幼儿的

主动思考。在活动中，要放手让幼儿去尝试、去探索，在不断地尝试错误的过程中，幼儿问题解决的经验与能力获得积累与发展，意志力也得到了充分的锻炼。

（三）正确认识和应对幼儿的“任性”

19～24个月的幼儿处于自我中心阶段，会坚持自己想做的事情，常常表现得很“任性”。

第一，成人要理解幼儿做某件事的动机及愿望。2岁的孩子独立探索的愿望强烈，获得新知识的途径常常是尝试新奇、刺激的事物。作为家长应该充分理解幼儿要自己尝试、独立表现的要求，尽量多创造一些条件，使幼儿的要求得到适当的或充分的满足，他们的叛逆行为、叛逆性心理自然就逐渐减少。第二，转移注意力，用更积极的、正面的语言和行为来进行引导。当孩子说“不”时，可以利用他们的注意力容易转移的特点，用别的事物把孩子吸引开，待问题解决后，再找适当的时机去进行说理教育。当幼儿没有恰当理由而又不能满足他们时，成人可以采取暂时“不理睬”的方法，让孩子“闹”。等幼儿情绪平复好转后，再跟幼儿讲道理，要让幼儿明白哭闹无法使自己的不合理要求得到满足。同时给幼儿一定的自由空间，即使成人想帮助他们，也不要以指导、命令的口吻说话，而要以提醒、探讨等平和的方式与幼儿互动，使幼儿更容易接受。

（四）以身作则，培养幼儿的同理心和良好的行为举止

19～24个月的幼儿能体验到别人的痛苦和悲伤，但是还不能将这种情感真实化地转变成有效的行为。成人可以为幼儿做示范，如何对别人进行安慰和善意帮助，让幼儿体验到助人的快乐。此阶段的幼儿特别喜欢模仿成人的语言与行为，对于事物的偏好也会受到照料者的影响。家长在做事之前，要先思考自己的行为举止是否会对幼儿造成不好的影响。尽量不要当着幼儿的面对别人评头论足，也不要表现出对某些东西的明显喜恶，应该引导幼儿正确地看待人和事物。例如，喜欢和别人打招呼、交谈有礼貌的父母，常常会教出同样懂礼貌的孩子。

二、早教机构中19～24个月幼儿心理发展与教育活动的指导要点

（一）动作发展的指导要点及活动方案

19～24个月幼儿的身体形态发育逐渐平缓，但活动范围扩大，手部动作与视觉、听觉、触觉等感官功能进一步结合。

1.指导要点

（1）19～21个月。每次使用单一指令，让幼儿完成蹲—爬、走—跑等基本动作的切换，发展幼儿身体平衡与控制能力；为幼儿提供手部操作的机会，锻炼手眼协调性。

(2)22~24个月。引导幼儿将各种动作综合起来,提高身体的灵敏性与协调性;为幼儿提供独立操作的环境与材料,发展幼儿的手、眼、脑协调配合能力。

2.活动案例

【多样行走】(19~24个月)

活动目标:

(1)激发走的兴趣。

(2)锻炼走的灵活性、协调性。

活动准备:

挂彩带的长绳两根,方向盘一只,盘子,可做路障的不同物品。

活动过程:

(1)游戏前与家长交流。

对于19~24个月的宝宝,可以让他在平地上走,也可设置障碍让其行走,还可培养宝宝一手扶栏杆自己上下楼梯,提高宝宝行走的灵活性、协调性。

(2)开展亲子游戏。

①平地开汽车。

宝宝扮作司机,手握方向盘开车,家长扮作乘客,双手搭在宝宝肩膀上,在平地上来回开汽车。家长和宝宝也可以一手相搀,排成两列长长的队伍:宝宝为一列,家长为一列。用两根绳子,一根绳子的首尾由家长拉着,另一根绳子分别系在首尾宝宝的外侧手臂上。指导教师扮演司机,说:“双层汽车开啦!”“汽车”在活动室内开来开去,指导教师鼓励宝宝之间进行交往。指导教师也可以扮演警察,用信号灯指挥交通,大家看到红灯、绿灯做出相应的反应。

②汽车越障碍。

指导教师引导家长和宝宝一起用不同物品搭成路障,越过障碍开车。

③汽车上坡和下坡。

指导教师引导家长和宝宝一起将汽车开到有坡度的地方,根据不同场景进行汽车上坡下坡游戏。可以设置情境,如:去公园赏花,去儿童乐园玩运动器具,去点心屋吃饼干。游戏可以反复进行。

附:儿歌《红绿灯》。

绿灯亮,快快开;黄灯亮,慢慢开;红灯亮,停下来。

温馨提示:

上下楼梯时速度应慢,家长注意保护宝宝,以防宝宝摔跤。

观察要点:

宝宝一手扶栏杆自己上下楼梯能走稳吗?

活动迁移：

可在日常生活中让宝宝走楼梯，边走边数数或配上有趣的儿歌，提高宝宝走楼梯的兴趣。也可以搀着宝宝走，让宝宝扶着扶手走等，循序渐进地变换走的方式。

（二）认知发展的指导要点及活动案例

1.指导要点

（1）19～21个月。幼儿开始关注物体的颜色、形状等特征，此阶段需提供丰富的玩具材料，帮助幼儿认识形状、颜色、功能等特征。引导幼儿利用感知觉对周围环境进行直观的感知与发现，了解人、物、事之间的简单关系。经常提醒幼儿记住生活中熟悉物品放置的固定位置，并知道三种以上常用物品的名称和用途。

（2）22～24个月。让幼儿多接触生活中的真实事物，认识与了解更多的人与事物；引导幼儿通过颜色、形状等特征尝试对物体进行分类；让幼儿尝试独立地用眼看、用手摸、用耳听，培养幼儿对周围环境的好奇心和注意力，对自然、社会现象产生兴趣。

2.活动案例

【分袜子】（19～21个月）

活动目标：

（1）利用视觉观察物体。

（2）发展对物品的分类能力。

活动准备：

红、黄、绿三色的袜子若干双，小篮子若干。

活动过程：

第一，给出指导语。“哎呀，粗心的爸爸把不同颜色的袜子混在一起了，你能帮他整理一下，把袜子放到这三个篮子里吗？”

第二，在活动的过程中，观察幼儿的行为。

第三，鼓励幼儿按照对应的颜色分类。“你看，这是一只什么颜色的袜子，你还能找到和这只一样的袜子吗？”

第四，在幼儿完成任务时，给予正面的强化。

第五，如果幼儿一直很喜欢从事这项活动，可以每隔一段时间增加不同颜色、不同材质的袜子。

（三）语言发展的指导要点及活动案例

1.指导要点

（1）19～21个月。给幼儿几分钟的时间安静下来听故事、看图书，以养成良好的习惯；多与幼儿互动，可以与幼儿展开一对一的简单问答，也可以让幼儿集体跟着自己有节奏地大声念儿歌，以发展幼儿的语言能力。

（2）22～24个月。在跟读之后，鼓励幼儿自己独立地将儿歌完整地念一遍，以发展幼儿的语言表达能力；在教育中，向幼儿渗透一些人称代词、常见形容词、方位名词的用法，以丰富幼儿的词类积累，发展幼儿对词汇的理解与记忆能力。

2.活动案例

【谁在说话】（22～24个月）

活动目标：

（1）学会分辨声音。

（2）通过话筒练习语言表达。

活动准备：

可以录音的多媒体设备、话筒。

活动过程：

第一，教师组织幼儿，并介绍活动。"现在，我们来表演一个小魔法。你可以对着这个话筒说话，然后你就能够从电视里听到你的声音哦。"

第二，进行语言示范，并使用多媒体设备播放自己的声音，请小朋友听一听是谁在说话。"电视里说话的声音和老师的一样吗？"

第三，讲解规则：可以随便对话筒说什么，尽量是完整的句子，但不要对着话筒大喊大叫。

第四，依次请幼儿对着话筒说话，然后进行声音回放。

第五，请幼儿讨论一下自己的声音是什么样的。

第六，确保每个幼儿都录音之后，将声音的顺序打乱后播放。

第七，请幼儿听一听是谁在说话。

第八，对于幼儿的行为给予正面的鼓励。

（四）情绪发展的指导要点及活动案例

1.指导要点

（1）19～21个月。为幼儿创设表达情绪的机会与环境，当幼儿产生极端情绪时，要给予正向的引导；在教育中有意识地渗透情绪理解活动，让幼儿体验各种各样的情绪，保护幼儿的积极情绪。

（2）22～24个月。鼓励幼儿将自己的情绪说出来，在幼儿无法调节情绪时给予帮助；为幼儿创设具体情境，安排一些情绪调节方面的教育活动，让幼儿设身处地地感受不同的情绪，以萌发对他人情绪的理解与共情能力。

2.活动案例

【快乐与悲伤】(19～21个月)

活动目标:

(1)为不同的情感命名。

(2)将情感与行为联系起来,发展情绪理解能力。

活动准备:

两个不同表情的面具(快乐和悲伤)。

活动过程:

第一,向幼儿出示面具,给出指导语:"今天,老师想要分享一个小故事,故事里的小朋友有时候会感到很快乐,有时候会感到很悲伤。"

第二,将幼儿生活中常见的问题与现象融入故事中进行讲述。

第三,当描述到某一种表情时,就戴上该表情的面具。

第四,让幼儿自己描述听到故事之后的情感。

第五,请幼儿分享一些自己生活中关于快乐与悲伤的情感体验。

第六,结束活动。

(五)个性与社会性发展的指导要点及活动案例

1.指导要点

(1)19～21个月。在进入一个新的环境时,创设共同活动的机会,鼓励幼儿与同伴一起活动;引导幼儿按照指令和要求将玩具放回原位,并主动地给自己的物品做标记,分清楚哪个是自己的物品,以发展幼儿的自主意识和良好行为习惯。

(2)22～24个月。在自由游戏活动中,引导幼儿认知按顺序依次等待等活动规则,以培养其社会交往中的规则意识;鼓励幼儿与自己亲近的伙伴建立友好关系,在活动中多和小伙伴交流,共同完成某项任务,以促进其亲社会行为的发展。

2.活动案例

【被子好柔软】(22～24个月)

活动目标:

(1)为玩偶讲故事。

(2)能够与其他幼儿分享空间。

活动准备:

柔软的枕头和被子、玩偶、图画书。

活动过程:

第一,将被子展开,放上玩偶和图画书。观察幼儿的行为,看看幼儿是否能够注意到教师的这一行为。

第二，组织幼儿展开活动。“被子里的这些玩偶要听故事睡觉呢，而且它们喜欢听的故事不一样哦。”

第三，引导幼儿给一个玩偶读书。

第四，如果有几个幼儿想要参加活动，和幼儿讨论，如何分享这一空间。

第五，当幼儿自己无法解决时，帮助幼儿尝试解决的方法。

第六，如果想要参加活动的人数过多，制作一张表格，为每个幼儿设置讲故事的时间，引导幼儿有序参加活动。

第七，轮到某位幼儿时，主动教该幼儿参加活动。

第八，如果幼儿很感兴趣，可将这一活动融入日常活动中。

三、家庭中19～24个月幼儿心理发展与教育活动的关键内容及指导

（一）生活能力

1.关键内容

（1）整理物品。家长可以让幼儿自己将用过的东西放回到原来的位置上，以培养幼儿的生活秩序感，养成良好的生活习惯。

（2）照顾别人。家长可以准备一个没有明显性别特征的娃娃，让幼儿试着给娃娃穿衣服、脱衣服，以发展幼儿的生活照料能力。

（3）独立吃饭穿衣。家长不要因为害怕幼儿弄脏衣服，而在幼儿吃饭时一手包办，要试着让幼儿自己吃饭，以发展基本的生活自理能力。在幼儿吃饭的时候鼓励幼儿使用筷子夹菜，锻炼幼儿手部肌肉的控制能力，提高手指的灵活性。

2.指导方法

家长要帮助幼儿调整作息时间，在一日三餐之间各安排一次点心时间，在午饭之后，为幼儿提供1.5小时左右的睡眠时间。幼儿自己已经可以不太熟练地使用餐具，在进餐时，家长要规范其用餐姿势，让幼儿不要边吃边玩，同时要以身作则，为幼儿提供安静的进餐氛围，不要在幼儿吃饭时逗孩子，告诉孩子吃饭之后要安静地活动，不能立马奔跑。当幼儿可以自行如厕之后，家长可以不用时时刻刻跟着，但要在幼儿每次如厕前提醒幼儿便后记得洗手，以帮助幼儿养成良好的生活习惯。当幼儿基本掌握了一项生活技能之后，即使做得很慢或者不够好，家长也不要急于包办或指责幼儿，轻易地将“笨”字说出口，要学会耐心地等待幼儿完成动作，并给予鼓励，以提高幼儿行为的主动性与生活的独立性。

（二）动作能力

1.关键内容

（1）平衡练习。

①向后倒退走。当幼儿走稳后，可以引导幼儿学着向后倒退走，家长可以

在身后叫宝宝的名字，鼓励幼儿不要害怕，在终点处张开双手接住幼儿。

②踮着脚尖走。家长可以让幼儿观察动物的走路姿势，学小猫静悄悄地踮着脚尖走路，边走边做出不同的表情，这个游戏不仅能发展幼儿的平衡能力，还能够引导幼儿较好地控制自己的身体。

③跨越障碍走。家长可以带着幼儿走一走宽度为30 cm左右的道路边缘物，可以为幼儿设置一些障碍物，让幼儿学着在不同的情况下保持身体的稳定与平衡。

④曲线走。家长可以在地上画两条弯弯曲曲的、宽度为25～30 cm的线，让幼儿沿着线的方向走，尽量不要超出规定的范围。这种身体会倾斜的体验对于幼儿来说很新奇，也能够很好地发展幼儿的注意力。

(2)球的练习。

①扔球。家长可以让幼儿拿着球举过头顶后扔出，以发展身体的协调能力；也可以将球扔向不同的方向，让幼儿顺着球的方向行进，以培养幼儿的方位知觉。

②踢球。2岁左右的幼儿已经可以尝试单脚站立踢球了，家长可以让幼儿根据自己的手势和指令将球踢向不同的方向，这样能够帮助幼儿训练身体的平衡能力和下肢的灵活性。

(3)手的练习。

①搭积木。19～24个月的幼儿都喜欢玩积木，家长可以为幼儿提供5～8块积木，让幼儿随意地进行平铺与垒放，独立地完成积木的取放。

②套杯子。19～24个月的幼儿已经开始产生空间秩序感，家长可以准备3～5个形状相同、大小不一的纸杯，让幼儿尝试独立地将纸杯套在一起，以培养空间感，发展手眼协调能力。

③画线。幼儿在写字之前，会有很长一段时间的涂鸦期。幼儿会学着家长的样子，在纸张上涂抹。家长可以将幼儿喜欢的事物打印出来粘贴在同一张纸的不同位置，让幼儿尝试着将两个物体用画线的方式连接起来，以提高幼儿手部肌肉的控制能力。

④手眼协调与控制。家长可以将回形针和幼儿喜欢玩的卡片固定在一起，找一个小小的棍子和磁铁，用线做成一个钓鱼竿，让幼儿使用“鱼竿”将家长说的物品“钓”出来，和幼儿一起做钓大鱼的游戏，以发展幼儿的手、眼、脑协调能力与控制能力。

2.指导方法

家长要让幼儿多走、多看、多练，可以试着让幼儿自己上下楼梯，开始时不要选择有太多台阶的楼梯，让幼儿可以顺利完成，从而体验到成功的乐趣；可以用游戏的方式来帮助幼儿训练行走、跑步的稳定性与动作转换的灵活性。家长还要多和幼儿玩一些需要手部操作的小游戏、小手工，鼓励幼儿做一些可以做到的事情，帮助孩子提高手、眼、脑的协调性。

（三）认知能力

1.关键内容

（1）说出物体的名称。

为幼儿多提供一些日常生活中熟悉与不太熟悉的物品卡片，让幼儿按照自己的语言提示进行指认或者由幼儿自己说出图片中物体的名称，以发展幼儿的观察力与想象力。家长也可以将物体放在不透明的布下面，让幼儿摸一摸，猜一猜布下面是什么物品，以发展幼儿的判断力。

（2）比一比，配成对。

为幼儿提供大的、小的、长的、短的、高的、矮的等形状不一致的相同物品，让幼儿根据对应的形状进行取放，以发展幼儿的空间知觉能力。当幼儿对形状有了一定的感知能力，家长可以为幼儿提供一些形状相同、颜色不同的卡片，让幼儿根据要求对卡片中的物品进行配对，以发展幼儿的思维判断力。

（3）注意力与判断力。

除了一些完整的音乐作品，家长要引导幼儿多听周围环境的声音。幼儿能够通过自然环境中声音的变化形成初步的知觉。1岁半以后，幼儿对声音的敏感性提高，不仅对突然的声响格外注意，还会自己敲敲打打，制造声音。家长可以为幼儿提供不同材质的物品，让幼儿对每一个都敲一敲、听一听，感受不同物体的声音变化。家长也可以将一些能够发出声响的物体放在远处，让幼儿判断是什么声音以及声音的方位，以发展幼儿的注意力与判断力。

（4）涂颜色，做手工。

19~24个月的幼儿喜欢明亮的色彩，家长可以为幼儿提供一些没有颜色的空白卡片，让幼儿随意地进行颜色的涂抹练习，以发展幼儿对色彩的感知能力和手眼协调能力。家长也可以为幼儿准备一些颜色鲜艳的彩纸，利用幼儿喜欢撕纸这一特点，引导幼儿做一些各种形状的手工练习，比如可以让幼儿撕出一个方形做彩旗，撕出一个不规则的圆形做盘子。做好之后，家长可以将幼儿的作品保存起来，在一段时间之后再与幼儿分享，让幼儿能够获得不断进步的喜悦。

2.指导方法

多为幼儿提供观察、触摸的机会，培养幼儿的方位、大小、距离等空间概念。在游戏中逐渐增加一些复杂的活动内容，让幼儿通过比大小，按颜色、形状等外在特征对物体进行分类，发展幼儿的思维，培养幼儿的问题解决能力。家长还可以有意识地、有目的性地培养与鼓励幼儿的艺术表达行为，让幼儿通过自由涂鸦发展手部肌肉的协调性和独立活动的习惯；通过对音高、音长、音色、节奏等音乐要素的感知，培养欣赏音乐、感受音乐的能力。

（四）社会交往能力

1.关键内容

（1）亲子互动中的助人行为。幼儿喜欢参与到各种各样的活动中，当父母忙碌时，会主动要求帮忙。家长可以给幼儿一些简单的物品，让幼儿负责运送工作，让幼儿能够充分体验到帮助别人的乐趣。

（2）同理心。家长可以和幼儿做一些角色互换游戏，让幼儿在具体的情境中去体验他人的情绪情感。

（3）合作性。幼儿会经常和同龄小朋友互动，家长要鼓励幼儿与同伴一起完成任务，体验合作的乐趣。

2.指导方法

1岁半以后，家长要鼓励幼儿与家中的客人做一些简单的交流，如果孩子不愿意，也不要勉强或者批评孩子，提供一些机会让幼儿与不太熟悉的客人亲近，时间长了，他们就会逐渐放下戒备，与客人进行交流。除了语言上的社会交往能力，家长还要多带幼儿到户外玩耍，引导幼儿与其他小朋友一起玩耍，可以引导幼儿将自己的物品暂时地分享给其他小朋友，但不能未经幼儿允许，强制性地将幼儿喜欢的东西送给别人，这样做会让幼儿产生强烈的负面情绪，不利于幼儿亲社会行为的发展。

学习评价表

主题	内容	优秀	良好	一般	较差	很差
学习态度	能准时参加全部课程，按时提交作业，及时查阅教师上传的学习材料	5	4	3	2	1
专业知识	掌握19～24个月幼儿身心发展的各个领域核心能力及其发展规律	5	4	3	2	1
研讨精神	积极参与讨论，对其他人的发言能提出合理的分析和见解	5	4	3	2	1
团队协作	能很好地融入课堂小组讨论，共同推进学习进程	5	4	3	2	1
沟通交流	能够清晰准确地表达自己的观点，与他人交流时态度语气恰当	5	4	3	2	1

续表

主题	内容	优秀	良好	一般	较差	很差
人文素养	能够关注人文社科知识，有意识地树立职业精神	5	4	3	2	1
信息素养	会检索常见的婴幼儿保教专业文献数据库，主动阅读相关文献	5	4	3	2	1
实践应用	能够初步设计和组织19～24个月幼儿的早期教育指导活动，并在活动过程中对家长进行指导	5	4	3	2	1

推荐阅读

1. 曹桂莲.0～3岁儿童亲子活动设计与指导[M].上海：复旦大学出版社，2014.

2. 刘婷.0～3岁婴幼儿心理发展与教育[M].上海：华东师范大学出版社，2021.

项目小结

总的来说，19～24个月幼儿认知发展较快，高级认知过程已经出现；口语能力发展较快；社会交往能力增强；情绪情感逐渐丰富。教师应全面掌握这个年龄阶段孩子的身心发展特点与需求，设计恰当、丰富的活动，满足孩子各方面的发展需求，并深入指导家长开展早教。

思考练习

1.19～24个月的幼儿在情绪发展上有什么特点？请结合实例谈谈幼儿情绪教育中应该注意什么。

2.请根据19～24个月幼儿认知发展的主要内容，设计一个综合性教育活动。

3.从幼儿动作、语言、认知、情绪及社会适应等几个方面，设计适合19～24个月龄段幼儿的亲子游戏。

实践实训

1.观摩一堂早教、托育机构活动，评析教师是如何根据幼儿的注意规律、感知特点和思维水平组织活动的。

2.请为19～24个月幼儿设计一份集体亲子活动方案，并尝试在见习活动中去组织活动，活动完成后，请从“活动设计的互动性、灵活性、延伸性原则”出发对该方案的优缺点加以分析和说明。

项目六答案

项目七

25～36个月幼儿的心理发展与教育

项目目标

1.掌握25～36月龄幼儿心理发展的内容。

2.掌握25～36月龄幼儿心理发展特点及趋势。

3.能够在早教机构和托育中心设计和开展教育活动，并能针对个别幼儿开展有针对性的指导。

学习重难点

学习重点：

1.掌握25～36月龄幼儿心理发展的内容。

2.掌握25～36月龄幼儿心理发展特点及趋势。

学习难点：

能够在早教机构和托育中心设计和开展教育活动，并能针对个别幼儿开展有针对性的指导。

思维导图

- 25~36个月幼儿的心理发展与教育
  - 25~36个月幼儿心理发展的过程
    - 25~36个月幼儿心理发展趋势
    - 25~36个月幼儿心理发展过程概述
  - 25~36个月幼儿心理发展特点
    - 25~36个月幼儿认知发展的特点
    - 25~36个月幼儿语言发展的特点
    - 25~36个月幼儿情绪发展的特点
    - 25~36个月幼儿个性与社会性发展的特点
  - 25~36个月幼儿教育活动设计与指导
    - 25~36个月幼儿教育活动原则
    - 25~36个月幼儿教育活动指导要点
    - 25~36个月幼儿家庭教育指导

任务一

25～36个月幼儿心理发展的过程

任务描述

通过学习，能够正确理解和把握25～36个月幼儿的心理发展过程和特点，掌握幼儿心理教育的重点，能够在早教机构和托育中心设计和开展教育活动，并能针对个别幼儿开展有针对性的指导。

任务准备

1.准备工作表单1。

2.准备案例和工作表单2。

操作流程

工作表单1

小组讨论

25～36个月幼儿心理发展包含哪些内容呢？

工作表单2

案例分析

2岁7个月的洋洋在户外和明明一起玩。明明想玩洋洋的小汽车，洋洋怎么都不愿意，并哭喊着："这是我的！"妈妈为此头疼不已：这孩子怎么这么自私呢？

案例中妈妈的想法对吗？妈妈应该如何正确引导洋洋呢？

任务分析

了解25～36个月幼儿心理发展趋势，掌握25～36个月幼儿心理发展的过程和具体内容。

学习支持

一、25～36个月幼儿心理发展趋势

（一）喜欢实物活动

大部分幼儿，尤其是接近3岁的幼儿，通常有一个典型的表现——喜欢实物活动。所谓实物活动，是指操作实际物体的活动，这是学前儿童探索世界的主要方式之一，在幼儿阶段尤其如此。儿童在实物活动中，对工具的使用方式主要表现为四个水平，不同的水平展示了他们不同的发展阶段。

水平1：不按用具特点进行动作。婴儿基本上处于这一水平。比如，这些孩子抓住工具之后的普遍动作就是“敲打”和“啃咬”。不管得到的工具是什么，碗勺也好，手机也罢，都用来“敲打”或者“啃咬”。

水平2：进行同一动作的时间有所延长。刚进入学步阶段的儿童，基本上处于这一水平。他们使用工具的动作更加丰富，除了“敲打”和“啃咬”，还会“拉扯”“抛掷”“揉捏”等。在探索某一实物过程中，这些动作可能都会出现，但是所占时间并非均等，他们进行某一特定动作的时间有所延长。

水平3：能够重复有效地动作。一般情况下，1岁3个月以上的幼儿，在简单情境中，基本上能够重复一些有效的动作了，如将一个香蕉递给这个年龄段的孩子，他们可能进行多种探索，无意中扯开香蕉皮的一个口子，就会继续刚才的动作，直到把香蕉皮扯开，然后自己吃掉。能够重复有效动作的孩子，即进入了皮亚杰所述的感知运动阶段的后期。

水平4：按用具特点进行动作。2岁以上的幼儿，对周边熟悉的实物基本上都能够按照其特点来使用。如不仅把碗勺拿来当玩具敲的现象减少了，还能够尝试用碗勺往自己嘴里送饭了。在成人的教育下，也不会拿手机来敲打，而是有模有样地打电话了。

需要注意的是，同一年龄幼儿在探索不同的实物过程中，可能会体现出不同的水平。这取决于儿童对实物的熟悉程度、实物本身的复杂程度，以及成人的引领情况。整体上处于水平1的婴儿，是否能够自己用奶瓶喝奶或者喝水，与成人是否给予探索、教导的机会有很大关系。若是在喂水的时候，经常有意识地引导婴儿握奶瓶，那么一般6个月以上的婴儿就能够独立握住奶瓶喝奶、喝水了。学会了如何使用奶瓶的婴儿，即便还惯于敲打绝大多数的物品，也不

会过多地敲打奶瓶了。若是缺乏这一锻炼，一些婴儿快满周岁时，依然不会自己独立握奶瓶喝水。又如1岁左右的孩子，在他拿到书以后给予引领，那么到了2岁之后，幼儿或许慢慢明白书是拿来阅读的。但是即便他们已经明白这个道理，他们也未必就能够阅读所有的书，若给他们一本深奥的、无图片的字典，他们依然不知道如何阅读，可能还是会当玩具玩。

（二）认知过程发展齐全

认知过程是指学习知识与运用知识的过程，具体包括感知觉、记忆、思维、想象和言语这些心理过程。感知觉和记忆这两种认知过程，在新生儿期和婴儿期都已经出现，到了幼儿期，又新增了思维、想象和言语，因此认知过程就齐全了。值得一提的是，言语在2岁时真正形成。婴儿期是言语发展的积极准备期，到婴儿期快结束时，大多数的孩子都已经会说话。即便吐字不是很清晰，他们也能够比较顺畅地用言语跟亲人交流。若孩子满3岁，还不会说话，言语发展存在滞后，需要带其去医院就诊。

（三）自我意识萌芽

一方面，幼儿由于走、跑、跳等下肢动作的发展日趋熟练，基本上获得了支配自己身体的自由。这些自由为他们自我意识的发展提供了必备的生理条件。另一方面，2岁之后的幼儿，逐渐学会使用物主代词“我的”和人称代词“我”，对这些代词的理解与正确使用，也进一步促进了他们自我意识的发展。幼儿自我意识萌芽的典型表现，是开始关注到自己的想法，逐渐有自己的主见，并且越来越多地表达自己的意见。可是，表达自我内心需要的意识并非易事，幼儿的言语发展水平毕竟有限，即便有时知道自己的想法，也未必能清楚地表达出来。因此幼儿新的需要与幼儿现有心理发展水平之间的矛盾就凸现出来，这也是成人需要特别关注的。

二、25～36个月幼儿心理发展过程概述

（一）感知觉的发展

1.感觉

25～36个月幼儿与周围环境的互动更加频繁，感觉器官发育趋于成熟，感觉能力发展接近正常成人水平，并逐步趋于稳定。

（1）视觉。

幼儿2岁时视觉可达到0.5～0.6，视敏度接近成人水平，扫视和追视能力发展也很快。幼儿3岁时，视力可达到1.0，立体视觉发育基本成熟。辨色力发展方面，2岁半的幼儿基本能够认识红、白、黄、黑、绿、紫、蓝、橙八种颜色。

(2)听觉。

随着幼儿听觉器官和神经系统的成熟,幼儿在2岁时能分辨高低不同的声音,能听懂简单的吩咐。本阶段的幼儿还会反复听自己熟悉的、喜欢的乐曲或故事,身体能伴随音乐节拍出现“舞蹈”动作。

(3)触觉。

25~36个月的幼儿仍会通过手来探索世界,通过对物体的触摸来分辨物体的冷、热、软、硬、凹、凸等材料特性。通常情况下,幼儿的认识活动是多种感觉,尤其是视觉和触觉的结合。

2.知觉

(1)空间知觉。

在物体空间关系的知觉上,2岁以后的幼儿开始发展空间概念,逐步能够了解与辨别“里”“外”“远”“近”的关系和差别。但空间知觉具有相对性,因此此年龄段幼儿对空间知觉的发展水平较低,往往需要生活经验的积累。

(2)物体知觉。

25~36个月幼儿不仅能够分辨正方形、圆形、三角形等基本形状,还能按照示例图形的样子画出来。30~36个月是幼儿大小知觉发展的关键期,幼儿能够按照语言指示拿出大皮球、小皮球,而且能正确使用大小概念。

(3)时间知觉。

25~36个月幼儿产生了初步的时间概念,但此阶段的时间知觉需要和具体的生活活动相联系,将生活作息制度、生活具体事件作为时间概念的依据和指标。

(二)记忆的发展

25~36个月幼儿由于语言能力的发展,这一时期的记忆能力发生了许多重要的变化,如符号表征能力的产生、记忆潜伏期的延长、有了明显的回忆能力等。

1.识记与保持

本阶段幼儿的记忆仍以机械记忆为主,有意记忆开始萌芽,幼儿能够按照成人的指令或委托去做某件事、传某句话、取某样东西等,并且能够记忆一些复杂的内容,比如简单故事、古诗、成语等,这个阶段也被很多人称为“记忆黄金期”。能够激起强烈情感体验的人或事能在记忆中保存很长时间而不会消失,一些害怕恐惧情绪体验的记忆甚至会维持一生的时间,并会影响个体以后的成长。

2.回忆与再认

幼儿最初的回忆全都是再认性质的回忆。幼儿再认和回忆的潜伏期都随年龄的增长而延长,3岁幼儿能有意识地回忆几周甚至几个月前发生过的事件。但本阶段的幼儿记忆的显著特点是不能永久保持,这种记忆的遗失也被称为

“幼儿健忘”，这种现象一方面与大脑皮质的发展有密切联系，另一方面由于幼儿以表象记忆为主，缺乏对事物内在联系的认识。

3.记忆策略

幼儿动作协调发展和语言词汇量的丰富能帮助幼儿提高记忆能力。25～36个月幼儿会使用身体动作、语言等来记忆某件事情。幼儿通过观察照料者的行为习得某种经验并尝试进行模仿，成人要求幼儿做某事时，幼儿会通过不断的言语重复来帮助记忆，还可以通过成人的帮助，利用归类、联想（“1”像小棍、“2”像鸭子）等方式来提高记忆效果。

（三）思维的发展

25～36个月幼儿不仅能对感兴趣的事物格外关注，还能根据事物的外部特征进行简单的推理与概括。

1.概念

（1）类概念。

2岁以前，幼儿主要依据外在现有特征来认识和理解事物。2岁以后，幼儿开始能够按照功能与用途对物体进行分类，但还无法正确用语言说出具体的分类理由。3岁左右的幼儿非常喜欢“装扮”游戏，可以按照角色的不同对游戏中的物品、行为及情境完成较为明确的分类。

（2）数概念。

在1岁半以后，口头数数的能力逐渐发展，这也是数概念的萌芽阶段。此时幼儿对物体的大小、多少有模糊的认识，如2岁左右的孩子，有些还不太会讲话，但知道伸手去抓数量多的糖果或大的苹果。幼儿3岁时能够数出20以内的数，口头数数的练习中，幼儿开始接触到数序的概念。25～36个月的幼儿在点数时，能够按照物体所在的位置由小到大报出数字，并且知道数字词汇与其他描述性词汇是不同的，再加入颜色维度按数取物的任务中，幼儿不会仅依照颜色取物，而是依据颜色、指令的顺序一个一个地按数取物。

（3）时间概念。

2岁以后，幼儿的固定性时序概念开始萌芽，会将“吃饭”“睡觉”等日常生活中有规律发生的事件作为时间参照，但本阶段的幼儿还不能理解时序的内在联系，还无法正确完成早、中、晚的时序排列任务。

（3）空间概念。

25～36个月幼儿能分辨不同的形状，能分辨相同图形的大小，对生活中的物品有了大小概念。当成人拿两个大小不同的苹果让幼儿指出哪个大哪个小时，幼儿能很快找出大的。但由于幼儿方位知觉尚未发展成熟，会误认为离自己近的物体就是大的,离自己远的物体就是小的。

2.判断与推理

25~36个月的幼儿的抽象思维水平仍处在萌芽阶段,他们会将事物表面特征或线索当作判断与推理的依据。由于缺乏知识的经验性与成熟的概念理解能力,本阶段幼儿的推理是以“转导推理”的形式存在的。幼儿会将事物偶然存在的联系推及另一事物上,进行一种非本质特征的判断与归纳。基于此特点,幼儿经常会做出一些让成人摸不着头脑的事情。如幼儿会端起水杯将热水倒入鱼缸,仅仅是为了让小鱼也能感受到“温暖”。

3.想象力

25~36个月幼儿思维的主要特点是开始较多使用象征性的符号进行表征,幼儿可以在游戏中使用手头的物品作为替代物,即使两者之间不存在任何客观现实的联系,幼儿也会尝试用主观意识在事物之间建立替代式的关联性,如幼儿会将咬了一口的饼干想象成月亮,将皮球想象成西瓜。但是本阶段幼儿的想象发展进程仍然比较缓慢,与记忆的界限不明显。此时,幼儿想象的整个过程没有具体的目的,是一种典型的无意想象。幼儿的想象多是由外界刺激直接引起,主题不稳定,内容零散不成系统,很大程度上会因幼儿情绪状态的影响而发生变化。

(四)语言发展

25~36个月幼儿在语音、词汇、句子和口语的掌握上有了飞跃式的发展,并开始对读写产生兴趣。

1.语音

研究发现,儿童各类语音发展的顺序是由发音器官的生理成熟程度和发音的难易程度决定的。1岁前婴儿语音发展较为缓慢,到2~3岁时,幼儿发音器官基本成熟,发音困难逐渐减少,能发出更多的元音和辅音。幼儿的唇音发音基本不存在困难,但需要舌尖参与的发音(zh/ch/sh/z/c/s)存在一定的难度。25~36个月的幼儿在发音上的困难日渐减少,但舌根音(g/k/h)发音也会出现发音混淆。

2.词汇

(1)词汇量。

25~30个月的幼儿受强烈的好奇心与求知欲的影响,常将组词与造句混在一起,即使词汇之间没有任何联系。幼儿还会在与周围环境的接触中,通过观察和模仿习得生活中的常用词汇。幼儿在24个月左右时,能掌握300多个词,到了36个月左右,能理解和掌握的词达1000~1100个。因此这个时期也被称为“词语爆炸期”。

（2）词类。

25～36个月幼儿开始理解和掌握形容词、副词、介词、量词、助词等多种类型的词汇，但在词类的使用上仍以实词为主。本阶段的幼儿尚处于自我中心化阶段，不仅会使用“我”“我的”，还开始在合作中学会使用“我们”来代指和自己一起游戏的同伴。数概念能力的发展，使幼儿逐渐开始明白基本的量词含义。2岁半以后，幼儿开始尝试将个体量词、集合量词、不定量词与常见的名词搭配在一起。由于思维水平的限制，幼儿不是很能理解集合量词之间的客观联系，经常会将动词、形容词也当作量词使用。除此之外，幼儿的词义窄化、泛化、特化现象明显减少，对词义的理解逐渐接近正确含义。

3. 句子

（1）句子类型。

25～36个月幼儿的语言能力发展迅速，使用的句子类型日渐复杂。事实上，当幼儿能够说出比较完整的简单句时，也在开始尝试说复合句。到36个月时，幼儿所使用的句子中，陈述句占大多数，复合句占总数的1/3左右。其中，联合复句占10%～30%，并列复合句（……还有……）占第一位，其次是连贯复句（……和……，……也……）、递进复句（不但……而且……，……再……然后……）和选择复句（或者……或者……）。幼儿复合句发展需要两个主要条件：第一，掌握足够的词汇，特别是掌握有关的连接词；第二，逻辑思维的发展。2岁以后，幼儿的疑问句逐渐增多，会不断向照料者发问，并要求得到回应：“这是什么呀？”“那是什么呢？”“爸爸在做什么？”疑问句是幼儿与周围环境信息交换的主要渠道，在个体社会化发展进程中扮演着重要角色，提问的内容与方式在一定程度上体现了幼儿的语言发展水平。

（2）句子结构。

25～27个月幼儿开始学习并能够说出更多的句子，可以使用具有完整句子结构的三词句。总体而言，本阶段的幼儿所使用的句子中，简单句仍占大多数，句型主要有主谓结构和主谓补结构两种类型。到28～30个月，幼儿开始使用四词句，一些语言水平较高的幼儿还可以说出五词句、六词句。此时幼儿不仅能够使用多种简单句型，复合句的运用能力也逐步发展，通常表现为省略连词的简单句的组合。到3岁时，幼儿说话的方式基本与成人相近，单词句、双词句的使用数量大幅减少。句子结构的变化能帮助幼儿更好地理解句子的意义，幼儿开始能够理解他人对一些不能被直接感知的抽象事物的描述，也能够通过句子的字面意思来理解说话者的实际意图。

4. 口语

(1)语言表达。

25～30个月的幼儿常常喜欢自言自语，语言的概括和调节能力不断提升。到31～33个月时，语言的自我调节功能逐步发展，自言自语现象逐渐减少。由于还不能流畅地使用语言，幼儿在语言表达时常会出现“破句现象”，说话时可能会结结巴巴，也可能会在不该换气的地方换气。这一现象主要是缘于幼儿思维发展速度与语言发展速度之间的落差，即想说的东西太多，但一时无法选择出合适的词汇。虽然“破句现象”与口吃看起来很相似，本质上却是完全不同的，“破句现象”是幼儿表达与发展中的正常现象，随着幼儿语言水平的提高，这种表达不流畅、词语重复的现象会逐渐消失。

(2)语言交流。

25～30个月的幼儿在语言交流上经常会使用接尾策略。具体表现为在对话中，无论幼儿是否理解家长问话的内容，幼儿都会使用问句的末尾词来回答。当成人问幼儿：“吃过饭了没有？”即使刚刚吃过饭，幼儿也会回答“没有”。这其实就是接尾策略的典型表现，这种现象会持续到3岁左右。25～36个月的幼儿言语功能逐渐丰富，语言交流中包含了回答、提问、问候、告知、命令、请示等功能。虽然幼儿具备了使用完整句表达的初步能力，但作为语言的辅助系统，手势、肢体动作、面部表情等在幼儿语言发展的过程中一直发挥不可替代的作用。

(五)情绪发展

25～36个月幼儿的开心、悲伤等基本情绪已经出现，自豪、骄傲、羞愧等能够表达自我意识的情绪逐渐发展。

1. 情绪表达

25～36个月幼儿会在使用表情、动作表达情绪的基础上，加入语言来表现自己的情绪感受。当幼儿笑时会做出捂着肚子的动作，边笑边说“好好玩呀”；当幼儿哭时会边抹眼泪边说“我不开心”。幼儿还能观察到周围环境中的人的情绪变化，开始能够理解他人情绪的变化，并给予安慰。随着自我意识和情绪的发展和自理能力的增强，幼儿还能表达出自豪的情绪，对于开心的体验不再仅仅是建立在“吃饱喝足”等生理需求的满足上，而是能够通过自己的努力和他人的肯定感受到喜悦与自豪的情绪。这说明幼儿开始获得使用社会标准和规则来评价自己行为的能力。此外，25～36个月的幼儿经常会表达出“小气”的负面情绪，幼儿不愿意其他幼儿动自己的玩具，也不愿意与他人分享物品。这其实是幼儿强烈的自我中心意识本能的体现。随着幼儿社会化水平的提升，这种负面情绪会逐渐隐藏或减少。

2.情绪理解

2岁以后幼儿能够较正确地识别他人的面部表情，能够简单地解释情绪产生的原因，并能将情绪与引发情绪的情境联系起来。25～36个月的幼儿已经可以通过观察周围人的情绪变化来对他人的行为做出预测，随着记忆能力和模仿行为的不断强化，幼儿在活动中可以预测出他人的赞成和反对意见，同时也能基本预测到自己的行为或者某些正在发生的事件会对情绪产生什么样的影响。幼儿会产生做出一些行为给他人带来快乐情绪的强烈动机，在社会交往的过程中，态度更加顺从，并会尝试隐藏自己的负面情绪。

3.情绪调节

2岁左右的幼儿开始进入人生的第一个“反抗期”，在与周围人接触与交流的过程中，态度强硬，行为顽固，想要什么就不容更改，也不容易妥协。2岁以后，幼儿开始学会使用一些情绪调节策略来控制自己的情绪，尤其是在负面情绪的管理上更加熟练。例如，当因妈妈不在而陷入悲伤的情绪时，幼儿会通过自言自语式的暗示来调节自己的情绪。幼儿还会主动使用认知策略来调节愤怒、恐惧等极端的负面情绪。在愤怒的情绪出现时，幼儿倾向于采用主动回避的方式来进行调节和管理。

（六）个性与社会性发展

25~36个月幼儿有强烈的自我主张，常常会通过反抗成人的要求来显示个人的独立性。在幼儿与同伴交往的过程中冲突发生的次数不断增加，在这种冲突行为中，幼儿逐步习得了初步的社会规则，分享、合作等亲社会行为也逐渐增多。

1.个性发展

（1）自我意识。

25~36个月的幼儿具有强烈的自我意识，对成人的反抗性增强。与2岁前不理解成人的要求而简单说“不”的行为不同，此时的幼儿已经可以基本理解照料者的意图和要求，所谓的“反抗”是为了显示自我的独立性。处于自我中心阶段的幼儿，虽然形成了初步的道德规范意识，但是非标准的判断仍以自我的主观情绪为主要标准。2岁半以后，幼儿能够区分自己与他人的东西，并能够理解自己眼中的“我”与他人理解的“我”是不一样的，知道“我想做”和“我应该做”之间是有区别的，“愿意”要服从“应该”，会在与他人交往的过程中产生更多的妥协式行为。

（2）性别意识。

25~36个月幼儿性别意识开始萌芽，性别认同能力逐步发展。25～30个月的幼儿开始理解自己的性别特征，但还不能将这种性别意识迁移到周围的其他事物上，进行正确的性别归类。幼儿可以在众多图片中认出自己的照片，但不知道如何正确地把照片放在对应的性别盒子里。这表明幼儿虽然已经开始了解男性和女性的含义，但不知道自己属于哪一种性别类型，对自己和妈妈一样还是和爸爸一样充满了好奇。到3岁时，幼儿开始能够理解自己与他人的性别问题，能准确说出自己的性别，也开始能够区分图片中人物的性别。

（3）自主性。

25～36个月幼儿什么都想“自己来”，对所有的事情都非常主动热情。幼儿能够主动用语言或动作向他人索取自己想要的东西，吃饭时会举手或大声表示对某种事物的需求。36个月左右，由于自我控制能力的发展，幼儿能够对成人的要求做出反应，并遵守成人提出的规则。

2岁以后，幼儿的所有权概念开始形成，能清楚地分辨物品的所有权，比如能够分辨这个杯子是爸爸的，那本书是妈妈的。幼儿很重视和爱护自己的东西，尤其是自己喜欢的东西，经常会把自己喜欢的东西随身带着。除此之外，2～3岁的幼儿还出现了一定的自我评价行为，经常会对自己做出正面的评价。当成人问“哪个宝宝最乖”时，幼儿会拍拍自己的身体表示“我最乖”。

2.社会性发展

（1）社会适应。

生活自理。25～36个月幼儿的生活自理能力发展迅速，具有明显的独立性特征。幼儿很喜欢模仿成人的行为，并在这种观察与模仿中掌握必要的生活技能。2岁以后的幼儿开始学会使用筷子，能够自己吃饭，自己穿衣。到3岁时，幼儿基本能够完成日常起居任务，在家庭生活中表现出一定的独立能力。

社会交往。25～36个月幼儿不再对陌生环境产生明显的排斥，可以在照料者的帮助下很快适应陌生的人与物。但本阶段的幼儿在陌生人面前可能会产生害羞的情绪，有人注意到幼儿时，他们很快移开目光或躲到照料者身后并回避跟陌生人的沟通。36个月左右，幼儿认知与社会交往能力进一步发展，对陌生环境的适应能力也进一步增强，幼儿能够很清楚地辨识出熟悉或不熟悉的人与物，并形成了一套初步完整的应对策略。

（2）社会关系。

亲子关系。25～36个月的幼儿处于纠正目标的依恋关系中，不会总是跟在照料者尤其是母亲的身后。与此同时，幼儿开始能够采纳亲密照料者的观点，并依据环境中的人和物对照料者的行为和情绪做出推断。

同伴关系。2岁以后，幼儿与同伴的社会互动行为逐渐增多，与同伴接触频率增加，主要的交往形式是游戏，同伴交往的积极影响和消极影响都开始出现。

虽然同伴间相互攻击和打闹的次数有所增加，但是同伴间的互助、交换、分享行为也逐渐增多。到3岁时，幼儿能与同伴发生互补的游戏行为，也发展了关系较好的玩伴，开始建立稳定的同伴关系。

把积木推倒的形形

学习评价表

主题	内容	优秀	良好	一般	较差	很差
学习态度	能准时参加全部课程的学习，按时提交作业，及时查阅教师上传的学习材料	5	4	3	2	1
专业知识	理解和把握25～36个月幼儿的心理发展过程和特点、幼儿心理教育的重点	5	4	3	2	1
研讨精神	积极参与讨论，对其他人的发言能提出合理的分析和见解。	5	4	3	2	1
团队协作	能很好地融入课堂小组讨论，共同推进学习进程。	5	4	3	2	1
沟通交流	能够清晰准确地表达自己的观点，与他人交流时态度语气恰当	5	4	3	2	1
人文素养	能够关注人文社科知识，有意识地树立职业精神	5	4	3	2	1
信息素养	会检索常见的婴幼儿发展专业文献数据库，主动阅读相关文献	5	4	3	2	1
实践应用	能够设计和开展在早教机构和托育中心的活动，并 能针对个别幼儿开展有针对性的指导	5	4	3	2	1

推荐阅读

1. 周念丽. 0～3岁儿童心理发展[M]. 上海：复旦大学出版社，2017.

2. 冯夏婷. 透视0～3岁婴幼儿心理世界：给教师和教长的心理学建议[M]. 北京：中国轻工业出版社，2016.

任务二

25～36个月幼儿心理发展特点

任务描述

掌握25～36个月幼儿的心理发展特点，并能根据幼儿的心理发展特点分析和指导幼儿的行为。

任务准备

1.准备工作表单1。

2.准备案例和工作表单2。

操作流程

工作表单1

小组讨论

25～36个月幼儿心理发展有哪些特点呢？

工作表单2

案例分析

妮妮快3岁了，每天早晨起来照顾她穿衣，是一件让妈妈很头疼的事情。给她准备红色的，她要绿色的。下次准备绿色的，她要蓝色的。不只是穿衣，吃早餐也会有类似的问题，给她准备面条，她要吃包子，给她准备包子，她要吃饺子。如果说服她，妮妮只会说："不嘛，偏不。"妈妈很是困惑，妮妮以前很配合的，现在这是怎么了？

你认为妮妮出现这些行为的可能原因是什么呢？
对于妈妈的困惑，你会提出怎样的指导建议？

任务分析

掌握25～36个月幼儿的心理发展特点，并能根据其心理特点分析幼儿外在行为表现。

学习支持

一、25～36个月幼儿认知发展的特点

（一）感知觉的发展特点

1. 视听感官及触觉发育趋于成熟

本阶段幼儿的视力基本达到0.5～1.0，接近成人水平。除了红、黄、绿三种基本色彩外，开始认识更多的色彩，但对颜色的色调如白和乳白、绿和墨绿、红和粉红的区分还有难度。25～36个月幼儿的听觉趋于稳定，听觉注意力增强，具有一定的远距离听觉。听觉的发展使幼儿能够理解更长的句子，可以听懂成人的指令，并完成两个步骤的指令动作；使幼儿喜欢听故事，能够感知到歌曲中的节奏与旋律，并跟着大声唱出来。2岁幼儿触觉的发展从口腔探索过渡到手部探索，从最初的“本能性触觉反应”到“视触结合”再到“目的性探索”阶段，因此需要给幼儿恰当的触觉练习与刺激，如温和的爱抚、玩水玩沙，发展幼儿的感觉统合能力，有助于培养幼儿的安全感。

恒河猴实验

2. 身体感知与表现能力增强

24个月以后，幼儿对周围环境的探索不再满足于单纯的感知，随着身体协调能力的增强，幼儿不仅能够自如地控制身体，还乐于用身体动作表达自我。他们在生活中看到或听到感兴趣的事物，不仅会用眼看、用耳听、用手摸，还乐于使用动作模仿的方式去感知事物的典型特征。当幼儿听到节奏性很强的旋律时，会开始尝试用简单的肢体动作表现音乐。

（二）记忆发展的特点

1. 无意记忆为主，有意记忆开始萌芽

总体而言，幼儿在36个月以前的记忆没有非常明确的目的和意图，属于无意记忆，这种记忆无须意志的努力，是自然而然发生的记忆，他们只可以记住周围世界中感兴趣的、形象生动的事物。但是，24个月以后，幼儿开始可以背诵儿歌与古诗，也能够哼唱旋律简单的歌曲。如果成人对幼儿给予肯定和鼓励，幼儿会更乐于参与语言记忆与背诵的活动，这也表明幼儿的记忆开始逐渐加入具体的目的，有意记忆开始萌芽。幼儿有意记忆的发展不仅受到环境的影响，经验的积累与理解能力的提高，也有助于幼儿在学习过程中有意识地强化记忆的目的与意图。

2. 记忆保存时间受多重因素的影响

25～36个月幼儿的记忆会受到个体周围环境的影响。首先，对记忆内容的感知与理解会影响到记忆的深度。幼儿对于感兴趣的、看得清楚的、听得完整

的事物，记忆的保存时间会更长。其次，幼儿的情绪体验也会影响到记忆的状态，在积极的情绪状态下，幼儿的记忆内容与记忆效果会更好。再次，幼儿的记忆也带有明显的情绪色彩，他们很容易记住一些能够引起个体悲伤、快乐等鲜明情绪体验的事件或场景。最后，记忆对象的特点也会影响到幼儿记忆的保存时间，形象鲜明的事物不仅能够吸引幼儿的注意，也更容易被幼儿记住。

（三）思维发展的特点

1.思维内容的形象性与经验性显著

25～36个月幼儿思维中蕴含着智慧的成分，开始表现出一定的问题解决能力。受认知水平发展的影响，本阶段的幼儿直觉行动思维仍占主导，思维内容具有直觉性、行动性的特点；离开实际的行动，思维就会随之终止或转移。如幼儿只有看见水和船才会想到玩划船的游戏。一方面，幼儿对事物的表征离不开具体的形象感知，另一方面思维离不开自身的实际操作。离开感知的客体，一旦盆子、船在眼前消失时，玩这个游戏的动作和意识也就不存在了。此外，幼儿的思维主要是基于个体生活经验进行的，受推理水平的限制，幼儿缺乏在“假设”情景中的经验迁移能力。尽管如此，幼儿却会试图将自己的动作经验与思维感情投射到周围的一切物体上，认为他们和自己具有同样的生命力。

2.概念能力进一步发展，出现抽象思维的雏形

36个月以前，幼儿会把事物的外部特征与事物之间的偶然联系，作为思维推理与判断的依据。幼儿可以根据外部特征，对玩具车、积木等常见的物品进行分类，对物体属性的认知不再局限于颜色、形状、大小，而是开始能够感知到物体的软硬、冷热等材料属性的不同，并能够根据已有的经验对自己没有见过的物体进行自命名。随着概念能力的进一步发展，在方位概念上，幼儿能够逐渐感知大小、高低、多少、里外等相反概念的差异性；在时间概念上，能够理解昨天、今天、明天的时间概念的存在；在数概念上，能够点数，通过数物对应形成对数字名词的语感与语义认知。虽然25～36个月幼儿的思维具有明显的“泛灵论”特点，但他们已经可以根据个体的经验进行较低层次的推理和判断，出现抽象思维的雏形。而真正的抽象逻辑思维要等到6岁才开始形成。

二、25～36个月幼儿语言发展特点

（一）初步掌握语法结构，语用能力提高

24个月以后，幼儿的词汇量增长十分迅速，他们几乎每天都能掌握新词。此时幼儿的好奇心也非常高，他们经常指着某种物体问：“这是什么？”“那是什么？”当成人将物体的名称告诉他们时，他们便学会了一个新词。若进一步扩展，即成人不仅教新词，而且说明该词与某物、某人、某种经验的联系，就可以使幼儿学到更多的东西。幼儿在3岁时，词汇量达到1000个左右。词汇的概括性

水平有所提高。30个月的幼儿很少再说叠音词，逐渐能够说出由各种词类组成的较长的复杂句子。在言语表达的内容方面也发生了质的变化。儿童从只能以眼前的事物为话题到具备回忆过去及谈论将来的能力。在同成人的交谈中，27～36个月幼儿可以用句子表达事物之间比较简单的关系，已经开始理解事物之间的因果关系，并用自己的语言表达出来。此阶段的幼儿说话时，开始带有一定的交际目的，很喜欢与照料者交谈，在说话时会表现出一定的对话技巧，也能够逐渐理解并掌握说话者的意图。除此之外，幼儿还学会了使用语言进行复述与回忆，不仅喜欢听照料者讲故事，还能够通过指认、复述、对话等形式主动参与到故事的讲述活动中。

案例：两岁半的泽泽看见爸爸买回来螃蟹很开心，爸爸就拿出一只小螃蟹给泽泽，泽泽一边看一边学螃蟹爬，嘴里还说小螃蟹走得不一样！晚饭时，泽泽看见螃蟹在餐桌上，发出一句感叹："锅太厉害了！把螃蟹都养死了！"

（二）进入口语学习与发展的重要时期

25～36个月幼儿的语音发展趋于稳定，发音准确性有所提高，但在一些辅音发音（如g\k\zh\ch\sh\r\j\q\x）上仍存在一些困难。幼儿口语表达的功能增加，除了基本的问答、请求，还会使用告状、争执、命令等功能来表达自己的想法和需要。25～36个月的幼儿很喜欢说话，对语音、语法的掌握使他们开始表现出强烈的语言表达欲望。幼儿经常会在游戏时自说自话，还会一直不停地跟照料者说话，并希望能够得到对方的回应。当照料者说话时，幼儿开始关注说话者的语音、语调的变化，并尝试模仿说话者的语调与语法。

三、25～36个月幼儿情绪发展的特点

（一）情绪的自我调控能力增强

随着认知、语言等方面水平的提升，25～36个月的幼儿开始能够使用"开心""难过"等情绪词汇来表达和谈论自己与他人的情绪，也逐渐能够采取一定的策略来调节和控制自己的情绪。幼儿在与周围环境接触的过程中，习得了情绪的控制与管理技巧，"任性"地发脾气的时间慢慢变少，并学会了隐藏自己的负面情绪。本阶段幼儿的情绪进步分化，他们能够体会"羞愧""愤怒"等复杂的情绪，并会尝试回避它们并恢复到平静的情绪。幼儿逐渐开始明白情绪之间的因果关系，会在成功时表现出正向的积极情绪，在失败时表现出负向的消极情绪。

（二）情绪体验更加丰富化与深刻化

24个月以后，幼儿的想象能力开始发展，他们能够将情绪与想象联系起来。受父母语言暗示和周围环境的影响，幼儿有了各种害怕的体验，会因为被告知动物会咬人而惧怕某些动物，也会由于想象到黑暗中存在未知的东西而产生害怕的情绪。幼儿的情绪与思维也存在着某种联系，他们会根据外在特征定义事

物，认为长鼻子的人很“好笑”，有三只眼睛的人很“吓人”。本阶段幼儿的情绪体验逐渐深刻化，他们能够对他人的情绪表现出一定的共情能力，并开始形成一定的是非观念和道德感。虽然幼儿不明白为什么不能做某事，但会通过观察他人的表情与行为反应，决定是否该做某事，也会从成人的行为中获得相应的情绪体验，即会因为成人的表扬而开心，因为成人的责备而难过。

四、25~36个月幼儿个性与社会性发展的特点

(一)自我中心化倾向明显，自我概念趋于稳定

24个月以后，幼儿的自我概念进一步发展，不仅能够用“我”“我的”指代自己和自己的物品，还能够认识到自己的心理活动，懂得“我想做”和“我应该做”是有区别的。随着个体动作、语言等水平的提升，幼儿的社会交往范围逐渐从家庭内部扩大到外部环境中。幼儿虽然逐渐开始习惯与同龄伙伴交往，在交往中却带有明显的自我中心化倾向，常常以自己的需要作为唯一标准。幼儿在与小朋友玩耍时，常常会抢别人的东西，不能满足时，甚至会抓咬别人，伴随着不友好的攻击性行为。到36个月时，幼儿的自我意识与自我概念逐渐稳固，开始明白自我概念与别人对待自我之间是有所不同的，幼儿不会再为了满足某种需求而采取强硬的态度对待他人，对于他人的要求，也不再直接说“不”，而是开始学着妥协。自我意识的发展使得幼儿能够认识自己，积极肯定自己的价值。

(二)性格开始萌芽，进入个性发展的关键期

性格是在先天气质类型和后天环境影响的共同作用下逐渐形成的。36个月左右是幼儿个性形成与发展的关键时期。本阶段幼儿性格的特征表现主要集中在几个方面：一是社会性与攻击性。虽然25～36个月的幼儿自我中心化倾向明显，但共情能力发展较好的幼儿，会主动安慰在哭的同伴，而一些幼儿在活动中却总是做出身体与语言上的攻击性行为。二是独立性与依赖性。随着动作、语言、思维等能力的发展，幼儿的独立性明显提高。有的幼儿会表现出强烈的动手意愿，想要尝试自己吃饭、自己上厕所、自己洗手等生活行为，有的幼儿的依赖性较强，不管做什么事情，都要和最亲近的照料者(通常是妈妈)一起进行。三是自我控制能力。2岁半以后，幼儿的情绪控制能力增强，在得不到想要的东西时不再哭闹不停，同时习得了社会交往中的初步行为规范，懂得应该控制自己的某些“无理”行为。

(三)性别角色认同形成

25～36个月的幼儿的性别角色认同意识逐渐形成，开始出现带有明显性别特点的行为。性别角色认同亦是幼儿自我概念发展中的重要环节，它能够帮助个体正确地认识自己。本阶段幼儿开始通过外在的显性特征对男女进行分类，

认为男生不可以穿裙子，不可以梳辫子：上厕所时，男生和女生必须要分开。幼儿并不能真正理解男女概念的不同，不知道自己与他人的性别是否属于同一类型；对自己的性别充满好奇，想知道自己是和妈妈一样，还是和爸爸一样。到3岁左右，幼儿能够准确地说出自己的性别，也逐渐理解男生和女生的性别含义，并认为性别相同的人在语言、行为上也应该是相似的。

（四）社会行为进一步发展与分化

2岁以后，幼儿的社会互动行为逐渐增多，社会行为进一步发展和分化。在平行游戏中，开始出现分享和合作行为。语言能力的发展使幼儿开始尝试用语言代替肢体来解决问题，对困境中的同伴，幼儿也能够用语言表示同情与安慰。此外，当幼儿表现出社会交往的意图时，他们会使用语言来表达自己的意愿，并在活动中和同伴协商讨论。到36个月时，幼儿已经能够与同伴发生互补游戏行为，发展出较好的玩伴，同伴关系的稳定性逐步建立起来。但是，由于强烈的自我中心化倾向，25～36个月的幼儿在社会交往中的冲突行为增多，大部分冲突主要是关于物品使用权和所有权的问题，冲突中的输赢会影响到之后的冲突行为。冲突行为在一定程度上促进了问题解决能力的发展。2岁半以后，幼儿开始尝试用一些社会规则来解决冲突。到3岁时，幼儿的社会问题解决能力进一步发展。幼儿社会问题解决目标主要是阻止他人的行为，获得想要的物品与信息，以及获得他人的注意与承认等。

学习评价表

主题	内容	优秀	良好	一般	较差	很差
学习态度	能准时参加全部课程的学习，按时提交作业，及时查阅教师上传的学习材料	5	4	3	2	1
专业知识	掌握25～36个月幼儿的心理发展特点	5	4	3	2	1
研讨精神	积极参与讨论，对其他人的发言能提出合理的分析和见解。	5	4	3	2	1
团队协作	能很好地融入课堂小组讨论，共同推进学习进程。	5	4	3	2	1
沟通交流	能够清晰准确地表达自己的观点，与他人交流时态度语气恰当	5	4	3	2	1
人文素养	能够关注人文社科知识，有意识地树立职业精神	5	4	3	2	1
信息素养	会检索常见的婴幼儿发展专业文献数据库，主动阅读相关文献	5	4	3	2	1
实践应用	能用幼儿的心理发展特点分析和指导幼儿的行为	5	4	3	2	1

推荐阅读

王兴华，王智莹.基于游戏的2～3岁婴幼儿认知发展评价[J].学前教育研究，2019(7)：32-44.

任务三
25～36个月幼儿教育活动设计与指导

任务描述

了解25～36个月幼儿教育活动的原则，掌握25～36个月幼儿教育活动设计的核心能力，能够设计并实施早教中心、亲子园等的亲子活动课程，并能对家长进行有针对性的指导。

任务准备

准备工作表单。

操作流程

工作表单1

小组讨论

明明和刚刚一样大，明明上了3个月亲子班，刚刚一次亲子班也没上过，但3个月过后，明明并未比刚刚聪明很多。于是明明的妈妈坚决拒绝再报亲子班，而明明的爸爸却不太同意，但又无法说服明明妈妈。

你认为早期教育亲子班对幼儿有影响吗？你能帮助明明爸爸找出合理的理由说服明明妈妈吗？

工作表单2

试一试

根据所学内容，围绕"幼儿早期教育重要性"这一主题，自拟题目向社区的幼儿家长做一堂40分钟的公益讲座。

任务分析

掌握25～36个月幼儿教育活动设计要点，并能有针对性地对家长做出家庭教育指导。

学习支持

一、25～36个月幼儿教育活动原则

（一）提供的材料遵循适宜性和生活性特点，要有利于幼儿的动作发展

25～36个月幼儿感官发育趋于成熟，他们能够通过身体运动、语言表达、社会交往来感知周围的世界。在教育中为幼儿创设丰富的、自主的、动态的环境，有利于幼儿的心理健康发展。在物质材料的提供上，首先要考虑材料的适宜性，有针对性地投放适合幼儿年龄特点的操作材料。对于25～36个月幼儿来说，可以提供串珠、黏土、粘贴画等来帮助幼儿锻炼手部肌肉的控制力与手眼协调性。而对于发展大动作的教具和器材，教师可以根据不同的年龄段，根据不同的玩法制定不同的标准和要求。其次，材料的提供要注意层次性。同一年龄段的幼儿在发展上存在差异性，因此在材料的提供上也应兼顾不同幼儿的发展。以串珠材料为例，珠子的孔要有大有小，绳子也要有粗有细，让幼儿可以依据需要自由选择。再次，提供的材料要生活化。将生活中的常见材料和熟悉的生活环节作为教育活动的载体，能更好地夯实幼儿发展的基础，如切切乐、手工汉堡、舀豆子等游戏，都利用了生活中的材料和元素，在提高幼儿认知能力的同时，锻炼幼儿的动作发展。最后，教师要随时观察幼儿的活动情况，及时替换掉幼儿不感兴趣的材料，对幼儿喜欢的材料也要注意不同水平的调整与更换。

（二）与幼儿建立安全的依恋关系

根据儿童依恋理论得知，25～36个月幼儿的依恋关系处于“目的协调的伙伴关系期”，他们能够忍受与亲密照料者的暂时分离。但是如果独自长时间在没有家长陪伴的陌生环境下，幼儿会因缺乏安全感而感到紧张、害羞、无法全身心放松地投入活动中。此阶段的幼儿即将进入幼儿园学习，如果有严重的分离焦虑情绪，会对幼儿的集体生活适应和人际关系发展产生不利的影响。因此，“与幼儿建立安全的依恋关系”是25～36个月幼儿心理教育的重点。幼儿对教师产生了依恋与信任，就能够较好地融入环境中，大胆地进行探索与学习。教师要学会用平等、包容的爱人之心对待每一个幼儿，注意观察幼儿的行为，尊重幼儿的情绪情感表达。对于一直哭闹着要回家的幼儿，教师也不能表现出不耐烦的态度。教师要能够在合适的时间选择合适的语言安慰幼儿，并对幼儿情绪的转变给予及时的肯定与鼓励。

（三）通过语言的表达增加互动性

随着孩子表达欲望的增长和词量的积累，25～36个月是幼儿口语能力发展的爆发期，幼儿变成了“小话痨”，还喜欢与他人互动，并期待可以获得回应。成人应当多为幼儿提供表达和交流的机会，正确地引导幼儿使用规范化的语言表达。具体来说，首先要为幼儿提供想说、敢说、爱说并且有机会说的宽松氛围。幼儿经常会提出“为什么小鸟会飞啊？”“为什么妈妈会那么高啊？”“为什么我要

去上学啊?”等莫名其妙的问题,面对幼儿的“十万个为什么”,家长的态度和对待方式很重要,如果家长对其指责训斥,如“你怎么这么烦,我不是已经给你说了吗”“你话怎么那么多”,会打击幼儿探索的积极性、泯灭其好奇心,使其对周围的事物失去兴趣。因此当幼儿对周围的事情产生兴趣发出疑问时,成人要给予积极的回应。此外,成人还可以通过讲故事、做游戏、儿歌律动等方式来鼓励幼儿表达,同时对幼儿在表达上的错误给予耐心纠正和引导。25～36个月的幼儿在口语表达上会出现“破句现象”,成人要为幼儿提供发音清晰、连贯的规范性语言,帮助幼儿改善发音不准、词语重复的现象。

(四)重视幼儿的社会性交往规则的培养

25～36个月幼儿社交需求不断增加,父母可以经常带幼儿到公园、商场、游乐场等场所,增加他们同其他幼儿之间的互动与交往。幼儿在和其他幼儿交往过程中,可能会出现冲突,父母会担心孩子受委屈或受欺负而强行介入,这些做法不但不能培养幼儿正常的社交能力,还会让幼儿对父母有依赖感,影响以后的学校集体生活。父母要引导并教育孩子培养社交规则意识,如在集体活动中遵守游戏规则,知道按一定规律做事,比如学会等待;在集体活动中不乱走乱跑,不影响他人;人多时要排队,不能挤;不能抢别人的东西,想和别人一起玩要表达请求;玩具要轮流玩;别人抢自己的东西要大声说出来,向父母寻求帮助;等等。如果幼儿想加入别人的游戏或想玩别人的玩具,父母不必每次都替孩子去说,鼓励他自己去说“我可不可以一起玩儿”或者“咱俩可不可以交换玩具玩”等。此外,父母要给幼儿树立榜样,利用幼儿喜欢的玩偶进行角色扮演,多说“谢谢”或“请”,积累社交经验。

二、25～36个月幼儿教育活动指导要点

(一)动作发展的指导要点

2岁以后的幼儿随着身体动作的发展,探索周围环境的能力大大增强。此阶段的幼儿能完成走、跑、跳等基本动作,可以扶着栏杆上下楼梯;手眼协调能力也有了较快的发展,会穿珠子、玩套筒、翻书等。在日常生活中,他们尝试着自己洗手、进餐、如厕、穿脱衣服,表现出独立的倾向,但由于受到动作能力发展的制约,很多动作仍然不协调。因此早教机构可以通过早期教育活动来巩固并提高动作的发展水平。

1.25～30个月指导要点

创设丰富多样的活动形式,引导幼儿通过走、跑、爬、钻等综合性的动作与运动,激发身体活动的兴趣,发展身体的控制和协调能力;提供丰富多样的材料帮助幼儿进行穿、挂、拼、折、粘、捏等手眼协调的操作游戏,提高手部动作的精确性与灵活性。

2.31～36个月指导要点

为幼儿提供足够的活动场地,以满足幼儿跳跃、投掷、骑车等运动需求;为

幼儿提供合适的剪刀、勺子、镊子等工具，鼓励幼儿大胆探索和使用，以培养幼儿精细动作和手眼协调能力的发展。

（二）认知发展的指导要点

早教机构的环境创设中应重视生活化、游戏化，提供幼儿易于感知和操作的材料，让幼儿主动参与，积累丰富的感性经验，发现和保护幼儿的好奇心，支持和鼓励幼儿自主探索。在早教活动中，将认知能力练习融入游戏活动中，帮助幼儿利用丰富的图书、图片、声音等多样化形式感知常见的文字和简单数字，同时也为幼儿初步的指、认、读等认知方式提供机会。

1.25～30个月指导要点

引导幼儿倾听自然的声音、认识自然中常见的现象。提供丰富多样的物质材料，激发幼儿探索的兴趣和感知世界的欲望。为幼儿提供不同大小、不同形状、不同数量的物体，引导幼儿进行分类、数数等感知活动，发展分类和概括能力。

2.31～36个月指导要点

引导幼儿倾听和观察环境中的声音与现象，激发幼儿求知的热情，培养幼儿长时间地集中注意力，做自己感兴趣的事，引导幼儿从颜色、形状、数量等方面感知物体，熟悉生活中常见物品的名称和用途，鼓励幼儿对物体或自己的感受进行语言描述，促使幼儿简单地讲出熟悉的故事，主动运用一日生活的不同情景区分并比较大小、多少、前后、里外等，培养幼儿运用具体的物品进行比较和运算的能力。

（三）语言发展的指导要点

1.25～30个月指导要点

通过听说活动、对话活动、阅读活动等多样化的形式，丰富幼儿对名词、动词、形容词、代词等词类的记忆与理解，使用简单清晰、语速适当、生动形象的语言与幼儿进行交流，帮助幼儿养成集中注意力倾听的习惯，促进幼儿词汇量的增加和对句子的熟练使用，养成礼貌的交往技能和习惯，支持幼儿与周围的成人和同伴进行语言交流，掌握一定的沟通技能，鼓励幼儿自己看书、听故事，并用语言复述故事的内容，以养成口语表达的良好习惯。

2.31～36个月指导要点

创设问题情境，鼓励幼儿与成人对话，增强使用语言表达与思考的能力，为幼儿提供简单易懂、情节多重复的故事书或绘本，帮助幼儿提高阅读和使用口语复述表达的能力。

（四）情绪发展的指导要点

1.25～30个月指导要点

创设情境，让幼儿感受到不同的情绪体验，并通过行为示范引导幼儿分辨日常生活中的基本情绪，通过故事、歌曲、艺术作品等多样化的形式，引导幼儿认识不同的情绪，增强对情绪的理解能力。

2.31~36个月指导要点

创设故事、表演等情境，鼓励幼儿表达情感，体验不同的情绪，比如对成功表现出高兴，对失败表现出沮丧，能够控制自己的情绪，不乱发脾气，逐步提升情绪表达和调节的能力。

（五）个性和社会化发展的指导要点

1.25~30个月指导要点

在生活和游戏情境中以身作则地为幼儿进行示范指导，为幼儿创设自由宽松的氛围，鼓励幼儿进行合作游戏，提倡一些与性别相吻合的游戏，帮助幼儿正确认识自己的性别。

2.31~36个月指导要点

在滑滑梯、骑车车等需要排队完成的游戏中，引导幼儿遵守基本的社会行为规范，提供分享玩具、食物的机会，帮助幼儿建立主动交往的意识，提供丰富多样的活动材料，鼓励幼儿选择与性别相符合的玩具与物品。

活动案例

活动案例1：对歌（25~30个月）

活动目标：丰富幼儿各类词汇。

活动准备：图片四张，包括①大象，小老鼠；②鸟在天空飞，鱼在水里游；③方桌子，长板凳；④冬天冷，夏天热。

活动过程：

1.教师利用图片导入："今天，老师要给小朋友念一首好听的儿歌，这首儿歌可有趣了，你们听：大象大，老鼠小，鸟会飞，鱼会游，桌子方，板凳长，冬天冷，夏天热。"

2.教师出示图片，将四张图片上面的画，一一讲给孩子听，并要求孩子能慢慢地跟着教师说。

3.教师和孩子对歌，教师说：大象大，老鼠______，每念到一句中最后一个字时，稍停顿，让孩子自己说出来，如孩子说不出来，家长可帮助或提示孩子，练习几遍后，请孩子独立与成人对歌，正确地使用词汇。

活动建议：

家长可以在日常生活中加强幼儿对具体词汇的学习，运用常见的儿歌与幼儿进行对歌，发展幼儿的语言能力。

活动案例2：舀豆豆（31~36个月）

活动目标：锻炼手眼协调能力；发展手部精细动作。

活动准备：两个碗、一把勺子、不同种类的豆子若干。

活动过程：

1.发放游戏材料，观察幼儿玩豆豆的方式：舀、抓、捏、倒、填埋等。

2.教师可以做示范，右手三指握勺（大拇指、食指、中指），左手扶左碗，右手持勺将左碗的豆豆舀起来，放到右碗中。

3.引导幼儿用勺子将豆子舀到另外一个碗中。

4.引导幼儿感受豆豆在碗中晃动时的声音。

活动建议：

引导宝宝学习三指持勺的正确姿势；鼓励宝宝独立完成，加入故事情景，宝宝会更加感兴趣哦；告诉宝宝不要将豆子散落出来；宝宝如果右手很熟练，可以鼓励宝宝换只手来试试。

三、25～36个月幼儿家庭教育指导

（一）生活能力

1.核心能力

（1）洗手洗脸。家长要引导幼儿按照正确的方法和顺序洗手，让幼儿养成饭前便后勤洗手的习惯。起床之后，用适量的温水将脸洗干净，并用自己的毛巾将手上、脸上的水擦干净。

（2）刷牙漱口。家长要为幼儿准备专门的儿童牙刷，指导幼儿从上到下、从里到外按照顺序将牙齿刷干净，并帮助幼儿养成早晚都要刷牙的良好习惯。乳牙的护理对恒牙的发育有很大的影响，因此一定要在生活中注意幼儿牙齿的护理。

（3）穿脱衣服、鞋袜。家长要给幼儿提供穿脱衣服、鞋袜的机会，如在早晨起床后自己穿背心、短裤、鞋袜，自己系扣子，上厕所自己拉下裤子，自己戴帽子等。幼儿在初期需要用很长时间才能完成，需要家长耐心等待。家长可以在一旁给予适时的指导与鼓励，告诉幼儿穿鞋要先分清左右，穿衣服要分清前后与里外。

（4）大小便控制。25～36个月幼儿可以进行如厕训练。此阶段的幼儿已经有一定的语言表达能力，家长要引导幼儿用语言表达大小便的需求，同时能够自己及时去上厕所，在中午和晚上睡觉前要让小儿养成先上厕所的习惯，以便能更早地控制夜间不尿床。幼儿因身体发育的限制，还不能完全做到按时如厕，可能会出现尿床、尿裤子的情况，家长要及时引导，而不能用打骂、批评的方式进行教育。

2.指导方法

鼓励幼儿独立进餐，并要求幼儿餐前洗手，自己坐到就餐的位置；餐中不乱跑、餐后擦嘴、餐后漱口。引导幼儿学习穿脱衣袜，如果幼儿动作很慢，也不要在一旁不停催促或者直接干预，可以通过具体的示范来帮助幼儿正确地掌握动作要领。2岁以后，可以开始训练幼儿独立如厕的技能，让幼儿能够发展排便的自理能力。2岁半左右，幼儿的乳牙基本发育完全，可以帮助幼儿练习刷牙，掌握正确的刷牙方法。幼儿的生活能力还处在发展阶段，需要家长耐心引导教育，对于幼儿每次的成功尝试，家长都要给予鼓励与表扬。

(二)动作能力

1.核心能力

(1)身体控制练习。

①骑车。25 ~36个月的幼儿开始学会骑玩具车(三轮车、带副轮的自行车、平衡车等),家长可以带幼儿到开阔的户外场地中进行骑车练习。练习初期,家长可以教幼儿双脚用力蹬,幼儿若力量不够,家长可以稍加推力助其前行,让幼儿感到通过努力可前进的喜悦。帮助幼儿在学会骑车的基础上,熟练掌握骑车的技能,如会骑车走直线,会拐弯,遇到障碍物会停车等。骑车游戏不仅可以发展和锻炼幼儿空间知觉和身体控制协调能力,还可以增强幼儿与周围环境的互动能力。

②钻洞。家长可以用身体或者呼啦圈等工具做出低于幼儿身高的大小、高低不同的洞,让幼儿在钻洞的过程中获得身体控制能力。刚开始做钻洞游戏练习时,幼儿会碰到头,但经过几次练习,就可以调节和控制身体,顺利钻过去。

③跳跃。幼儿在36个月左右能跳过高度5 ~ 10 cm的障碍物,家长可以制作高低不同的障碍物,按照高低顺序等距排列,让幼儿尝试自己独立地跳过去。刚开始时,成人可以做出具体的示范,让幼儿不要害怕,大胆地跳跃障碍物。待幼儿熟练之后,可以鼓励幼儿进行连续跳跃。在户外活动中,家长还可以利用台阶锻炼幼儿的跳跃能力。练习时要注意幼儿的安全保护。

④单脚站立。家长可以与幼儿进行单脚站立的游戏,比一比谁站的时间更长。同时要注意方式方法的变化,尽量选择平坦的、地面柔软的场地,告诉幼儿可以将双臂张开以维持身体的平衡。

⑤推箱子。家长可以在客厅或者一些比较大的空间中,放置一些堆满玩具的箱子,引导幼儿将箱子推回自己的房间或指定位置。游戏结束时,再将箱子推回指定位置。

(2)球的练习。

①踢球。25 ~ 36个月的幼儿开始尝试单脚站立,可以通过踢球来控制下肢的力量与平衡。家长可以在固定位置上放置一个“球门”,让幼儿将球踢到指定位置,以培养空间方位感。

②抛接球。家长可以引导幼儿使用双臂举过头顶的方法,用力地将球扔出去。家长可以设置不同高度、不同距离、不同位置的篮筐,帮助幼儿发展空间感知能力。家长还可以与幼儿间隔一定距离面对面站立,将球直接抛到他预备好的双手当中,反复练习后,增加抛球距离,锻炼宝宝手臂抬高或略弯腰的动作,并比赛看谁投得远。

③推球。除了基本的踢球与抛接球练习,家长还可以让幼儿俯卧在距离墙面30 cm左右的地方,双手抱球,向前方用力推球。这样的推球练习能够帮助幼儿发展本体觉和前庭觉。

(3)手部练习。

①穿珠游戏。家长可以使用大小、颜色不一的串珠让幼儿练习。初期,幼儿只能穿4～6颗珠子,到后期幼儿能够按成人要求的颜色、形状间隔穿珠子。此类游戏在发展幼儿手眼协调能力的同时,促进了幼儿数数能力的发展。家长在选择串珠玩具时,不能选择太小的,否则会发生危险;串珠的表面要光滑。

②捏面团。家长可以为幼儿准备一些柔软的面团或橡皮泥,鼓励幼儿根据自己的想象做出各种形状和物品。幼儿很喜欢此类游戏,不仅能够通过手部操作感受不同材料的特点,还能发展想象力和创造力。

③画画。25～36个月的幼儿开始掌握正确的握笔姿势,除了简单的线条外,还能画出更多的图形,如正方形、圆形、长方形等,家长可以为幼儿提供一些纸张和绘画材料,让幼儿涂鸦,即使画得不好,也要多加鼓励。

④剪纸与折纸。25～36个月的幼儿能够用剪刀将纸剪开或剪成纸条,手指灵活的幼儿还能剪出有形状的图形。家长还可以与幼儿一起做简单的折纸手工,要求边角整齐,如正方形、长方形、扇子、风琴、纸飞机、风车等。

2.指导方法

家长要给予孩子充分的户外活动时间,经常带幼儿去公园、游乐园等公共空间进行跑步、攀爬、跳跃、荡秋千等活动;家长还可以带一个皮球,与幼儿一起玩踢球、抛接球等球类游戏;家庭中可以多准备一些蜡笔、毛笔以及五颜六色的颜料和拼贴材料,让孩子尝试丰富多样的艺术活动;提供大量的积木、积塑玩具,进行搭建活动;还可以提供剪刀让幼儿剪一些软软的、不易滑动的东西,教会幼儿正确使用剪刀。

(三)认知能力

1.核心能力

(1)比多少。家长可以在进行积木游戏时,邀请幼儿一起将积木从玩具箱中取出来,看一看谁取得多,帮助幼儿理解数量的多少。家长还可以准备大小不一样的碗和适量的水,让幼儿用小号的碗盛水并倒到大号的碗里,通过具体的操作与反复的练习来感受多与少的变化。

(2)自命名。幼儿很喜欢涂鸦,每次画完还会拿给照料者看,兴奋地告诉成人自己画的是什么。家长可以引导幼儿用自己的语言描述画中的内容,并为自己的画命名。在绘本故事的讲述中,也可以进行这样的活动,让幼儿自己对图画中的事物进行命名与描述。

(3)物品匹配。家长可以选取一些幼儿经常接触的、熟悉的日常生活用品,在纸上描绘出物品的轮廓,引导幼儿根据物品的轮廓找出对应的物体,并通过对话的方式帮助幼儿理解物品之间的关系。

(4)奇妙的数字。25~36个月的幼儿对数字的理解能力逐渐增强,还能够进行口头点数。家长可以为幼儿提供两堆不同数量的物体,让幼儿进行点数,并比较数量的多少。将数字与物体结合在一起,幼儿才能更加方便地理解数字的含义。

(5)认识季节。3岁左右的幼儿能够认识两种季节所穿的衣服及特有的食物,家长平时要多和幼儿交流,为幼儿讲解一些生活必备的常识性内容,如什么季节有什么自然现象,应该穿什么衣服,吃什么水果等,发展幼儿对自然环境的适应能力。

2.指导方法

25~36个月的幼儿已经可以听懂连续的两个指令,家长在告诉幼儿某个事情时,可以和幼儿通过对话一起讨论事情的步骤,如"首先我们要……,然后我们要……"。家长还可以经常和幼儿讨论之前发生的事情,并提供一些线索帮助幼儿回忆。在幼儿正在研究某个物品时,可以进行适当的语言引导,如问幼儿"你在看什么?你觉得摸起来怎么样",家长还可以为幼儿提供不同尺寸、不同颜色或不同形状的物品让幼儿进行分类与比较,了解"相同""不同"的概念。除此之外,家长还可以将生活中的一些零碎的物品收集起来,让幼儿根据形状、颜色、大小、用途等进行分类。

(四)社会交往能力

1.核心能力

(1)交朋友。家长要多为幼儿提供同伴交往的机会,为幼儿提供多样化的活动资源。家长可以与其他家长协商,为幼儿创设共同活动的环境,引导幼儿互相介绍自己、家长。家长还可以带幼儿和有一定年龄差距的伙伴玩耍,幼儿在与比自己大的伙伴玩耍时能够得到关爱,在与比自己小的伙伴玩耍时能够学会关心和照顾别人。

(2)认识性别。家长可以让幼儿描述自己的性别,并通过观察家庭中其他成员的特征来判断自己与他人性别的异同,家长也可以为幼儿提供丰富多样的人物图片,让幼儿了解不同性别人物外部特征的不同。除此之外,家长可以对幼儿进行简单的性启蒙教育,教会幼儿正确地认识自己的身体。

(3)合作与比赛。家长可以经常带幼儿与其他小朋友一起合作完成某项任务,也可以创设一些比赛类的情境,让幼儿和自己或其他小朋友进行比赛,引导幼儿体会比赛过程中的心理状态与情绪体验变化。

2.指导方法

要为幼儿创造社会交往的机会,既可以邀请其他幼儿来家里做客,也可以带着幼儿去公园、早教机构及儿童游乐场所。尽管幼儿还未发展出成熟的分享行为,家长可以鼓励幼儿将自己的东西分享给他人,但不要期望幼儿一定这样做。同时可以尝试换个角度,通过"交换"的方式来初步体验分享的乐趣。本阶段的幼儿已经有了初步的社会规则意识,同时家长自己也要以身作则,遵守自己制定的行为规范。当幼儿出现遵守规则的行为时，要适时鼓励和表扬，帮助幼儿强化规则意识。

（五）家庭入园准备

3岁左右，幼儿即将进入幼儿园进行生活与学习。因此，在25~36个月这阶段，家长要有意识地帮助幼儿调整生活作息、心理状态，帮助幼儿顺利地过渡到幼儿园生活中。

1.生活准备

首先，要逐步调整幼儿的生活作息时间，使幼儿进餐、午睡、晚睡的时间与幼儿园的作息时间基本相吻合。其次，要培养幼儿独立穿衣、脱衣、吃饭、喝水、如厕等生活自理能力，帮助幼儿适应集体。最后，要引导幼儿养成良好的卫生习惯，知道饭前便后要洗手，吃过饭之后要擦嘴、洗手、漱口。

2.社交准备

早期的社会交往经验对幼儿的发展有着不可替代的作用，家长要多鼓励幼儿与他人交往，并要在社会交往中使用基本的礼貌用语和遵守行为规范。在幼儿园中，幼儿之间的和睦相处离不开对社会行为规则的共同遵守，因此，家长在日常生活中要将简单的社交规则教给幼儿，如懂得文明礼貌，待人接物会用“您好、谢谢、再见”；小朋友跌倒后，要帮助其起来，要有同情心，团结友爱。这样，幼儿在生活中能够礼让合作，养成良好的品质，从而能够很好地融入幼儿园集体中。

3.心理准备

心理准备是幼儿入园之前必不可少的环节，任何焦虑不安的情绪都有可能成为幼儿不愿意、不喜欢进入幼儿园的原因。首先，家长要经常向幼儿讲述幼儿园里有趣的事情，激发幼儿入园的兴趣与愿望。其次，在征得园所教师同意的情况下，带幼儿去幼儿园直接地体验，使幼儿喜欢上幼儿园。最后，要扩大幼儿的情感依恋范围，帮助幼儿与幼儿园教师建立安全、信任的依恋关系。

学习评价表

主题	内容	优秀	良好	一般	较差	很差
学习态度	能准时参加全部课程的学习，按时提交作业，及时查阅教师上传的学习材料	5	4	3	2	1
专业知识	了解25~36个月幼儿教育活动的设计原则	5	4	3	2	1
研讨精神	积极参与讨论，对其他人的发言能提出合理的分析和见解。	5	4	3	2	1
团队协作	能很好地融入课堂小组讨论，共同推进学习进程。	5	4	3	2	1
沟通交流	能够清晰准确地表达自己的观点，与他人交流时态度语气恰当	5	4	3	2	1
人文素养	能够关注人文社科知识，有意识地树立职业精神	5	4	3	2	1

续表

主题	内容	优秀	良好	一般	较差	很差
信息素养	会检索常见的婴幼儿发展专业文献数据库，主动阅读相关文献	5	4	3	2	1
实践应用	能够设计并实施25～36个月亲子活动课程，并能对家长进行有针对性的指导	5	4	3	2	1

推荐阅读

周玉明，等.农村2～3岁留守儿童的行为问题及人格发展[J].中国心理卫生杂志，2019（9）：716-720.

项目小结

本项目主要阐述了25～36个月幼儿心理发展的趋势、内容与特点，以及25～36个月幼儿教育活动原则、活动设计及家庭教育指导等内容。通过对25～36个月幼儿心理发展内容与特点的掌握，能有效地开展早期教育活动、有针对性地进行家庭教育的具体指导。

思考与练习

1.25～36个月幼儿的心理发展趋势如何？

2.25～36个月幼儿的心理发展特点有哪些？

3.25～36个月幼儿教育活动指导应遵循哪些原则？

4.25～36个月幼儿家庭教育指导有哪些核心能力？

项目七答案

实践实训

1.在生活中找一个25~36个月的幼儿，就某一领域进行2~3次，每次30分钟左右的观察，看观察结果与所学内容是否一致。如存在差异，可能原因是什么？

观察内容	
理论知识对应	
差异性	
原因分析	

2.收集一段25~36个月幼儿口头语言的素材，分析其发音、词汇和句子的特点。

3.根据所学内容，设计一份25~36个月幼儿亲子活动方案。

项目八

0~3岁婴幼儿心理发展与教育活动的评价

项目目标

1. 了解0~3岁婴幼儿心理发展评价的价值。

2. 掌握0~3岁婴幼儿心理发展评价的基本内容与方法。

3. 能够在早教、托育机构和家庭中有效实施0~3岁婴幼儿的心理发展评价。

学习重难点

学习重点：

1. 掌握0~3岁婴幼儿心理发展评价实施的基本方法。

2. 能够在早教、托育机构和家庭中有效实施0~3岁婴幼儿的心理发展评价。

学习难点：

能够在早教、托育机构和家庭中有效实施0~3岁婴幼儿的心理发展评价。

思维导图

- 0~3岁婴幼儿心理发展与教育活动的评价
  - 0~3岁婴幼儿心理发展评价概述
    - 0~3岁婴幼儿心理发展评价的价值
    - 0~3岁婴幼儿心理发展评价的基本内容与方法
  - 早教、托育机构中0~3岁婴幼儿心理发展与教育活动评价
    - 早教、托育机构中婴幼儿心理发展与教育活动评价的基本内容
    - 早教、托育机构中婴幼儿心理发展与教育活动评价的注意事项
  - 家庭中0~3岁婴幼儿心理发展与教育活动评价
    - 家庭中0~3岁婴幼儿心理发展状况的评价
    - 0~3岁婴幼儿家庭教育的评价

任务一

0~3岁婴幼儿心理发展评价概述

任务描述

能掌握0~3岁婴幼儿心理发展评价的价值、基本内容与方法。

任务准备

儿童虚拟仿真实训室或者婴幼儿保育实训室、婴幼儿音视频素材、玩教具等。

操作流程

工作表单1

小组讨论

0~3岁婴幼儿心理发展评价的价值。

工作表单2

小组讨论

0~3岁婴幼儿心理发展评价的基本内容与方法。

1.基本内容：

2.方法

任务分析

认真思考和理解0~3岁婴幼儿心理发展的主要表现，如感觉发展、动作发展、认知发展、语言发展、社会性发展水平等信息，综合地做出评价和估量。

学习支持

一、0～3岁婴幼儿心理发展评价的价值

（一）有助于全面了解婴幼儿的发展

刚刚出生的孩子只能用哭声来表达一切，即使到了3岁，幼儿还是无法做到完全用语言来确切地表达自己，加之0～3岁婴幼儿的情绪情感、自我意识等很多方面都还处于萌芽和发展的初期，所以想要全面地了解这一阶段的婴幼儿，必须通过客观的观察与评价标准，而不是仅依据研究者的印象或者经验来判断。教师或者家长不仅要能够观察与评价婴幼儿的行为，还要对其行为背后的诸多因素进行分析。通过这样的观察与评价，教师和家长不仅可以了解婴幼儿每一方面的发展水平和特点，还可以对各个方面发展之间的联系进行综合分析，从而把握婴幼儿整体发展以及各方面的相互影响与相互作用。

（二）有助于提高早期保教质量

早期保教的目的是促进0～3岁婴幼儿的发展。因此，早期保教活动的开展必然要以婴幼儿的现有发展水平为前提，同时以婴幼儿通过教养后的发展状况作为早期教育效果的评判内容。这些都需要通过对婴幼儿心理发展的观察与评价来完成。科学的观察与评价，可以帮助家长或者教师根据婴幼儿的发展情况制订早期教育的阶段目标，可以帮助其选择合适的教育内容与方法手段，可以使家长和教师根据婴幼儿不断发展变化的情况来不断进行调整与改进。所以可以说，正是依靠着科学的评价工作，早期教育的质量才能够不断提高。

（三）有助于进行早期筛查和诊断

研究表明，自闭症、多动症等常见疾病，在婴幼儿0～3岁时就已经出现相应的问题行为与表现，婴幼儿心理发展评价对于预防、减轻乃至治愈这些疾病都具有重要意义。然而由于0～3岁婴幼儿各方面发展都很迅速，很多时候，婴幼儿的一些问题行为或者特殊表现会被家长忽视，这实际上延误了婴幼儿最佳的治疗时期。如自闭症的孩子或多动症的孩子被视为不善表达或调皮等，这是婴幼儿时期常见的情况。如果家长能够通过科学的评价及时地获得正确的认知，从而提供相应的治疗对策，可能就不会将更多的问题延伸到幼儿园甚至是孩子的一生。

二、0～3岁婴幼儿心理发展评价的基本内容与方法

（一）0～3岁婴幼儿感觉发展的评价

对0～3岁婴幼儿的感觉发展评价主要从视觉、听觉、触觉、嗅觉和味觉五种外部感觉进行。

1.视觉

0～3岁婴幼儿的视觉发展评价一般可以从视敏度、视觉集中与追随、颜色视觉三个维度，以及深度知觉、图案知觉等多个相关联的视知觉方面来进行。

2.听觉

新生儿已经能对某些声音产生反应，但是明显的听觉反应在3个月左右时才能够通过清晰地观察得出。听觉的发展评价主要包括听觉的发生、听觉辨别和听觉定位三个方面。不同月龄阶段婴幼儿听觉发展的评价标准如下。

特征表

月龄段	听觉主要特征
0～3个月	听觉阈限较高；听觉定位能力“U”形发展； 可判断语言和非语言开始
4～6个月	听觉阈限下降；声音定位能力大幅度提高； 对愉快的优美音乐较为敏感；听到自己的名字有反应
7～9个月	听觉阈限继续降低；听觉定位更加精确； 能辨别他人说话的语言
10～12个月	辨别微小声音的能力增强；听觉定位能力继续发展； 对乐音持续关注
13～18个月	听觉定位能力发展完善；听觉系统基本完善； 对于音乐的感受力更强
19～24个月	能听懂简单的指令；喜欢听有意义的语言； 能跟随音乐节奏做出相应的身体动作
25～30个月	听觉发育已接近成人水平
31～36个月	语言听觉能力继续发展

注：听觉阈限指使人能够产生听觉感受的最小声音刺激量。

3.触觉

可以通过观察婴幼儿在接触不同外界事物时的反应进行婴幼儿触觉发展的评价。触觉是人类最早出现的感觉之一。当妈妈在抚摸肚子的时候，胎儿就能感觉到。

0～2个月的婴儿触觉表现以反射动作为主，例如吮吸反射、防御反射，主要围绕觅食和自我保护。3～5个月的婴儿开始利用嘴巴和手探索各种触觉的不同。6～9个月婴儿可以自主移位，这使得他们开始用全身各个部位的触觉去认识周围环境。1岁以后，幼儿的触觉辨识力快速发展，到了3岁逐步完善。

4.嗅觉、味觉

嗅觉和味觉是人类身体内部和外界环境沟通的两个口，它们不仅使人类更好地认识周边的环境，还可以起到一定的警戒作用。对嗅觉和味觉的评价，就是根据婴儿对气味的反应，对嗅觉和味觉的辨别度、敏感度进行分项和综合的判断。

新生儿已经能够识别母乳的气味，对刺激性气味会表示厌恶。2个月的婴儿即可区分酸、甜、苦，对刺激的气味产生排斥反应。4～5个月开始，婴儿就更喜欢把所有东西放到嘴里，借由舌头学习与物品间的关系，对食物的微小改变已很敏感。婴儿嗅觉和味觉的发展程度是高于视觉和听觉的。随着视觉、听觉的不断完善，嗅觉和味觉对于婴儿的作用反而有所减弱。对婴幼儿嗅觉和味觉发展的评价，主要是通过对婴幼儿进行一些嗅觉和味觉上的刺激，观察其反应情况而得出。

（二）0～3岁婴幼儿动作发展的评价

动作的发展与人的身体、智力行为和健康发展的关系十分密切。动作发展是人能动地适应环境和社会，并与之相互作用的结果。

0～3岁婴幼儿的语言能力尚未完全形成，因此评价其心理智力水平很多时候都会依赖于动作的表达。0～3岁婴幼儿运动能力的发展，一方面检测了其神经系统发育是否正常，另一方面，也为其身心健康、人格发展、智力发展、社会发展等方面做好准备。因此，动作发展的评价经常被作为0～3岁婴幼儿心理发展水平评价的一项重要指标。

0～1岁的婴儿以移动运动为主，其评价内容主要包含抬头、翻身、坐、爬、站以及手的协调动作几个方面的内容。1～2岁的幼儿已经从移动运动向基本运动技能过渡，其评价内容主要包含走、蹲、抓球等内容。2～3岁的幼儿则以发展基本运动技能为主，各种动作的发展逐渐达到均衡，其评价内容主要包含走、跑、跳、投掷、玩运动玩具、手指的协调活动等内容。

（三）0～3岁婴幼儿认知发展的评价

对0～3岁婴幼儿认知发展的评价，我们以婴幼儿“认识苹果”作为例子，当一个苹果映入一名0～3岁婴幼儿的眼帘时，他们会用手去触摸、用鼻子去闻、用牙去咬，这时认知就发生了。这些从不同维度获得的信息共同构成了婴幼儿对苹果的认知，而获得这些信息的过程就是认知的过程。

0～3岁婴幼儿对一个苹果，一开始只能认知其外部形状、颜色、触觉感受等表面的现象，渐渐才能获得该事物的功能、类别等特征。因此，通过对0～3岁婴幼儿认知发展的评价，可以了解婴幼儿现阶段心理发展的状态。

0～3岁婴幼儿的认知是一种复杂的心理活动及过程，主要包括感知、记忆、思维、想象和注意等多方面的内容。由于0～3岁还处于认知发展的起步阶段。婴幼儿的一些认知能力还没有很好地发展或者只是处于萌芽阶段，所以注意、记忆和思维三个方面被广泛作为婴幼儿在0～3岁阶段的认知发展的评价内容。

（四）0~3岁婴幼儿语言发展的评价

0～3岁是婴幼儿语言发展最为迅猛的阶段。这一阶段，其语言发展经历了一个连续、有规律、由量变到质变的过程。0～3岁婴幼儿的语言发展评价就是要在这个动态发展变化中，收集婴幼儿语言发展各个方面的信息，依据一定的客观标准，通过对语言发展各要素的具体评价，对语言发展水平进行客观的衡量和科学的判定。

语言发展的要素就是指语音、词汇、语法和语言运用。对0～3岁婴幼儿语言发展的评价也可以从这几个方面进行观察与分析，或者概括为从语言理解能力、语言表达能力、语言运用能力三个方面进行评价。

客观标准是指语言发展的各要素的发展规律以及在婴幼儿语言发展各个阶段的一般表现，比如：1岁前为语言发生的准备期，表现为0～3个月的类似元音发声，4～8个月的咿呀学语，9～12个月的词句启蒙，1岁左右为单词句阶段，1岁半到2岁为双词句阶段，往后逐渐出现复杂句等。袁萍、祝泽舟在《0～3岁婴幼儿语言发展与教育》一书中收录了0～3岁婴幼儿语言发展的评估指标，按照月龄阶段列出了每个时期的观察要点，可以借鉴并以此为标准进行分析和评价。

(五)0～3岁婴幼儿情绪发展的评价

首先，对婴幼儿情绪发展的评价能帮助成人了解婴幼儿的情绪，从而做出正确的判断。尤其是0～3岁婴幼儿的语言发展还不够完善，很多时候婴幼儿都必须通过情绪来进行表达。其次，对婴幼儿的情绪进行正确的评价，成人就能做出适当回应，这对促进婴幼儿良好情绪情感的养成有着至关重要的作用。因此，了解0～3岁婴幼儿情绪发展的规律与表现，对情绪问题进行早期筛查，促进良好情绪情感的养成，是0～3岁婴幼儿情绪发展评价的任务。情绪发展的评价内容包括对一般情绪状态、情绪的表达与控制、同情心、责任感、好奇心与兴趣等的观察评估，大致可以概括为从情绪表达、情绪理解和情绪管理三个方面进行评价。例如，通过观察婴幼儿出现要求拥抱、亲吻安慰摔倒的小弟弟这一现象，来判断其已经能够通过行为正确表达出自己的情绪情感。而如果0～3岁的婴幼儿能够忍住伤心寻求帮助，就说明其在情绪管理方面表现较好。除此之外，还有一些特殊情绪的观察评估，比如，冲动性、攻击性、焦虑、退缩、消极情绪等。

0～3岁婴幼儿情绪发展的评价方法，一般是通过观察，配合使用量表等评估工具进行评价。例如，张建端博士就引进了美国耶鲁大学心理学院和马萨诸塞州波士顿大学心理学院编制的《12～36月龄幼儿情绪社会性评估量表》进行修订，并建立了中国常模。

(六)0～3岁婴幼儿社会性发展的评价

婴幼儿社会性的发展是渐进的，以个体在语言、认知、情感、动作等各个领域的发展为基础，并始终贯穿在所有领域的发展过程之中。新生儿对人脸的图案敏感，喜欢母亲温暖、柔软的怀抱，这些都是婴幼儿天生的社交能力的表现。总体来说，婴幼儿早期的社会性发展包含自我意识、社会认知、社会情感、社会行为、道德品质和社会适应六个系统。但是就0~3岁婴幼儿社会性发展的评价而言，可以从自我意识、交往行为和社会适应三个方面来进行。在自我意识方面，0~3岁婴幼儿的自我意识包括自我认识和自我控制两个内容。比如1岁半以后，幼儿就能从镜子中辨认出自己；2岁以后，幼儿开始将自我与他人区分开来，容易与他人产生摩擦，独立性增强。在交往行为方面，0~3岁的婴幼儿与父母或者主要生活照料者的接触所构成的亲子交往是其社会化的第一阶段，这里所形成的亲子依恋对于后续的同伴交往等都会产生深刻的影响。此外，1岁半以后，幼儿一般开始出现一些亲社会行为，这也是幼儿社会交往行为发展的里程碑。最后，0~3岁婴幼儿的社会适应主要包括陌生人适应、陌生环境适应和生活适应三个方面，它可以通过观察婴幼儿在特定生活场景中的反应来进行分析评价。

学习评价表

主题	内容	优秀	良好	一般	较差	很差
学习态度	能准时参加全部课程，按时提交作业，及时查阅教师上传的学习材料	5	4	3	2	1
专业知识	掌握0~3岁婴幼儿心理发展评价的价值、基本内容与方法	5	4	3	2	1
研讨精神	积极参与讨论，对其他人的发言能提出合理的分析和见解	5	4	3	2	1
团队协作	能很好地融入课堂小组讨论，共同推进学习进程	5	4	3	2	1
沟通交流	能够清晰准确地表达自己的观点，与他人交流时态度语气恰当	5	4	3	2	1
人文素养	能够关注人文社科知识，有意识地树立职业精神	5	4	3	2	1
信息素养	会检索常见的婴幼儿发展专业文献数据库，主动阅读相关文献	5	4	3	2	1
实践应用	掌握0~3岁婴幼儿心理发展评价的方法	5	4	3	2	1

推荐阅读

1. 王兴华，等.0~3岁婴幼儿认知发展评估工具的分析与启示[J]. 幼儿教育(教育科学)，2018(1~2)：8-14.

2. 刘馨，等.0~3岁婴幼儿动作发展评估工具的分析与启示[J]. 幼儿教育(教育科学)，2017(12)：11-17.

3. 刘婷，等.0~3岁婴幼儿语言发展评估工具分析与启示[J]. 幼儿教育(教育科学)，2018(4)：42-48.

任务二

早教、托育机构中0～3岁婴幼儿心理发展与教育活动评价

任务描述

能正确把握婴幼儿在各个阶段的心理发展水平状况，能对早教、托育机构中的0～3岁婴幼儿进行心理发展评价，从群体中甄别出有心理障碍的个体，有针对性地进行早期干预与教育。

任务准备

儿童虚拟仿真实训室或者婴幼儿保育实训室、婴幼儿音视频素材、玩教具等。

操作流程

工作表单1

小组讨论

1. 婴幼儿在早教活动中的心理发展评价与设计内容。

2. 教师的早教活动评价与设计内容

3. 早教、托育机构中婴幼儿心理发展与教育活动评价的注意事项。

任务分析

掌握早教、托育机构中0～3岁婴幼儿心理发展评价的基本内容，如教育活动设计与指导的有效性评价、对婴幼儿心理发展的评价，在了解注意事项的同时，能对0～3岁婴幼儿进行综合评价和估量。

学习支持

一、早教、托育机构中婴幼儿心理发展与教育活动评价的基本内容

早教、托育机构中婴幼儿心理发展与教育活动评价的基本内容主要有两大方面：一是从教师角度出发，对教育活动设计与指导有效性的评价；二是从婴幼儿角度出发，对活动参与有效性的评价。

（一）对教育活动设计与指导有效性的评价

对教育活动设计与指导有效性的评价主要涉及对教育活动目标、教育活动内容、教育活动方法、教育活动环境材料以及教育活动过程等方面的内容。

1. 对教育活动目标的评价

目标是教育活动的起点和归宿，影响着教育活动的内容选择、方法运用以及预期效果等。对0～3岁婴幼儿教育活动的目标进行评价，第一要看其是否符合婴幼儿的年龄特点、实际发展水平和需要，第二要看其是否具有操作性和整合性，即目标设定是否具体可操作，是否能够促进0～3岁婴幼儿的认知、技能、情绪情感等方面的全面发展。

2. 对教育活动内容的评价

0～3岁婴幼儿的教育活动内容，首先，应当具有针对性和挑战性，也就是能促进婴幼儿在最近发展区内获得生活游戏的关键经验。其次，是要具有适宜性和有效性，也就是要适应幼儿的年龄特点、兴趣和需要。比如1岁半的幼儿开始喜欢尝试生活中的一切活动，这时候就可以把生活中最简单的“吃饭”“喝水”作为教育活动的内容。再次，是要具有自然性、开放性。0～3岁婴幼儿的教育活动要“回归自然”“回归生活”，给婴幼儿更为自由的活动内容与空间。最后，教育内容还应该满足多元性和整合性。教师在安排一个阶段的教育内容的时候，能够将各领域的关键经验有机、自然整合，为婴幼儿提供丰富的学习、游戏内容。

3. 对教育活动方法的评价

针对不同年龄阶段的教育对象、不同的教育内容，要选择不同的教育方法。尤其是面对0～3岁的婴幼儿，由于教育对象年龄较小，认知、语言等各方面的发展不够成熟，更需要教师选择适宜的教育方法。对教育方法的评价主要是分

析教师使用了何种方法手段，能否满足婴幼儿的活动需要，能否促进婴幼儿在现有水平上的发展，是否有利于教学目标的实现、教学内容的完成。0~3岁婴幼儿教育活动的常用方法有游戏法、情景法、模仿法、尝试探究法、故事法、谈话法、操作练习法等。教师在实际操作中必须充分了解每种教学方法的特点和作用，有的放矢地灵活综合运用，才能够将教育内容转化为婴幼儿的真实感受，从而达到预期的教育目标。

4.对教育活动环境材料的评价

对0~3岁的婴幼儿教育活动实施的环境和材料的要求，主要有三个方面：第一，自由与安全。环境设置应当给予婴幼儿充分的活动自由，可以让婴幼儿进行爬行、独自游戏或者与伙伴的平行游戏。但同时要注意保证环境的安全性，比如环境的卫生安全、物品的放置安全等。第二，生活化、启发性。针对0~3岁婴幼儿的发展需要，这个阶段的环境和材料最好是生活中最真实、最自然的环境与材料，不一定是十分贵重的高结构玩具或者是具有特殊教育意义的玩具。越简单、越贴近婴幼儿生活的环境和材料，越能吸引婴幼儿，也更具有启发性。第三，多样性、开放性。教师在教育活动中可以根据教育内容调动和布置多种资源和环境，更多样、更开放地设计和使用环境与材料，比如多媒体课件的使用、录像视频等。这些多样、开放的材料能够给予婴幼儿更多的刺激，丰富婴幼儿的生活经验。

5.对教育活动过程的评价

对教育活动过程的评价就是综合上述的四个方面，观察并且分析教师在组织和实施的过程中能否关注婴幼儿的行为，给予适宜指导；能否指导家长，传播科学的育儿理念；能否灵活安排活动的节奏，达到教育活动目的；能否根据婴幼儿的实际情况，及时调整活动的方法与内容等。此外，教师在教育活动中的教学语言、教态等，也可以作为评价的内容之一。

（二）对婴幼儿发展的评价

在早教、托育机构中除了对早期教育活动进行评价外，还需要特别关注对参与教育活动的0~3岁的婴幼儿进行心理发展的评价。实际上，在早教、托育机构中对婴幼儿的心理发展进行评价时，其基本内容和方法都沿用了本章任务一的要点，只不过在具体实施的时候，观察的场所就是在早教、托育机构，分析和评价也是基于早教、托育机构的教育活动来进行的。例如，在早教、托育机构中对婴幼儿的心理发展进行评价可以从以下四个方面入手。

（1）婴幼儿在教育活动中的参与度。

（2）婴幼儿在教育活动中的学习（游戏）方式。

(3)婴幼儿在教育活动中的互动程度(与家长、教师、同伴之间的互动)。

(4)婴幼儿在教育活动中表现出的情感态度。

为了方便记录与评价,在实施的时候可以用下表的方式来进行。

评价对象	评价指标	好	一般	较差	行为表现
可可	参与度				
	学习(游戏)方式				
	互动程度				
	情感态度				

二、早教、托育机构中婴幼儿心理发展与教育活动评价的注意事项

(一)避免对婴幼儿的干扰

婴幼儿容易受到外界环境的干扰。评价时要求婴幼儿在自然状态下参与教育活动,这样才能获得最真实的信息。如果评价者就是教育活动的组织者,则要注意正常把握活动节奏,结束后及时记录整理;如果评价者旁观进行观察评价,则要注意尽量减少身体活动,保持安静,衣着朴素,以保证婴幼儿活动正常进行。

(二)认识到婴幼儿发展的不平衡性和差异性

每个婴幼儿都有自己的发展特点,虽然评价时可以参考一些被证明过的规律和常模状态,但是不能一概而论。对婴幼儿的评价必须尊重其个体的差异性,结合婴幼儿本身的遗传、家庭环境、个性特征等各方面的因素进行综合分析,提出合理的教育建议,切忌拔苗助长,过度地干预其自然发展。

(三)反馈评价结果要科学

一方面,评价者要以恰当的方式把评价结果反馈给相关人员,尤其是婴幼儿的家长。有些家长十分重视评价的结果,所以不恰当的反馈可能给家长带来很重的心理负担。比如,在观察评价中发现7个月的婴儿还不能够完全独立爬行,于是告知家长孩子动作发展迟缓,或者是智力发展缓慢。这样家长就会过度地焦虑和担忧,可能制定出不符合婴幼儿本身发展水平的训练计划,影响其正常健康发展,这就违背了“促进婴幼儿心理发展”的评价初衷。另一方面,也不能不反馈评价结果,或者延迟反馈,这样同样会使评价失去意义。因为婴幼儿的发展并不是仅仅依靠早教、托育机构中的教育活动就能够完成的,而是必须依靠家长的教育合力,因此,早教、托育机构中的专业人员只有直接及时与家长交流教育活动评价反思,才能够提高教育活动质量。

学习评价表

主题	内容	优秀	良好	一般	较差	很差
学习态度	能准时参加全部课程，按时提交作业，及时查阅教师上传的学习材料	5	4	3	2	1
专业知识	能正确把握婴幼儿在各个阶段的心理发展水平状况	5	4	3	2	1
研讨精神	积极参与讨论，对其他人的发言能提出合理的分析和见解	5	4	3	2	1
团队协作	能很好地融入课堂小组讨论，共同推进学习进程	5	4	3	2	1
沟通交流	能够清晰准确地表达自己的观点，与他人交流时态度语气恰当	5	4	3	2	1
人文素养	能够关注人文社科知识，有意识地树立职业精神	5	4	3	2	1
信息素养	会检索常见的婴幼儿发展专业文献数据库，主动阅读相关文献	5	4	3	2	1
实践应用	能够初步在早教/托育机构有效实施0～3岁婴幼儿的心理发展评价与指导	5	4	3	2	1

推荐阅读

1. 罗丽，刘昊. 美国0～3岁婴幼儿托育服务机构质量评估中的CLASS：内容、特点与应用[J]. 外国中小学教育，2018(10)：45-54.

2. 李晓巍，等. 0～3岁婴幼儿情绪发展评估工具的分析与启示[J]. 幼儿教育(教育科学)，2018(C1)：15-20.

3. 洪秀敏，姜丽云，李晓巍. 0～3岁婴幼儿社会性发展评估工具的分析与启示[J]. 幼儿教育(教育科学)，2017(12)：18-23.

任务三

家庭中0～3岁婴幼儿心理发展与教育活动评价

任务描述

能对家庭中的0～3岁婴幼儿心理发展进行评价与教育活动指导。

任务准备

儿童虚拟仿真实训室或者婴幼儿保育实训室、婴幼儿音视频素材、玩教具等。

操作流程

工作表单

小组讨论

家庭中0~3岁婴幼儿心理发展与教育活动评价的基本内容。

任务分析

掌握家庭中0~3岁婴幼儿心理发展与教育活动评价的基本内容，如家庭中0～3岁婴幼儿心理发展状况的评价、0～3岁婴幼儿家庭教育的评价。

学习支持

家庭中0~3岁婴幼儿心理发展与教育活动评价的基本内容可归纳为两大部分：一是在家庭中由家长或者入户指导的专业早教人员进行的婴幼儿个体的心理发展评价；二是针对0～3岁婴幼儿家庭教养的评价。

一、家庭中0～3岁婴幼儿心理发展状况的评价

在家庭中对婴幼儿心理发展状况的评价，就是指在家庭的日常生活中对婴

幼儿的心理发展进行观察分析、科学评价,以更好地了解婴幼儿心理发展的现状,从而改进家庭教育方法的过程。这里的评价者主要是家长,家长与孩子朝夕相处,熟悉孩子的行为习惯、现阶段的特点,最容易在教养过程中实施观察与评价。家长在家庭中的观察与评价十分重要,但是家长的观察往往带有主观色彩,同时由于缺乏科学的评价标准,主要依靠自己和周围长者的育儿经验,很难得到科学、客观的评价结果。因此,这种观察与评价只能处于初级的阶段,一旦发现问题,或者出现困惑,还是需要有专业人员进行进一步的评估与指导。

在家庭中对婴幼儿心理发展状况的评价也可以由一些专业的早教人员,通过入户指导或者调查问卷的形式来进行。这种观察与评价对家庭育儿具有指导意义,结合家长自身的观察与评价结果,最终得到的教育建议是相对完整且科学的。

资料链接

家庭中的评价设计:观察记录表		
入户日期	指导教师	主要问题:做事不专心
2021年10月10日	魏老师	分析:1.家里玩具太多,没有收拾整理;2.看电视时间长,一天累计60分钟以上;3.平时家长容易打断宝宝的专注行为,如"快去小便了""来吃水果了"。 解答:将不怎么玩了的玩具整理入箱,控制看电视时间,不要随意打断孩子的专注行为,给他充足的时间探索自己喜欢和专注的事情。
2021年11月10日	王老师	跟进:家长已经采纳老师的建议,并付诸行动,感觉宝宝专注力好了许多。

二、0~3岁婴幼儿家庭教育的评价

对家庭教育本身进行的评价是家庭中婴幼儿心理发展与教育活动评价的第二项基本内容,使婴幼儿家庭可以根据其具体内容,了解自己的家庭教育情况。目前,我国的家庭教育评价有以下十项具体内容。

(1)家长教育观念,即家长在教育子女的根本问题上的基本看法。

(2)家庭教育内容,指家长教育子女的基本领域,即家长从哪些方面指导或促进子女的发展。

(3)家庭教育方法,即家长教育子女时采取的方式和手段。

(4)家庭教育策略,即在社会变迁中家庭成员为适应生存环境的改变而调整的教育与学习的应对措施。

(5)家庭人际关系,即家庭成员之间的亲密或疏离程度。

(6)家长道德素质，即家长思想道德发展的方向和水平，决定着家长为人处世的方向和原则。

(7)家长文化素质，即家长掌握科学文化的水平和潜能。

(8)家长生活素质，即家长通过消费生活资料，维持生存与发展的活动中必备的基本品质和功能水平。

(9)家庭生活条件，即家庭成员掌握的物质、文化生活资料的丰裕状况。

(10)家庭生活方式，即家庭成员在一定的生活条件制约下形成的稳定的生活行为特征。

以上具体内容都与家庭教育的质量息息相关。尤其对于0~3岁的婴幼儿，家庭作为他们主要的生活成长环境，家长作为他们人生的第一任教师，上面这些具体内容都会对婴幼儿的心理发展产生潜移默化的影响。根据以上内容对0~3岁婴幼儿的家庭教育进行评价，有利于家长了解自身家庭情况，了解自己的育儿问题与改进方向。同时，由于家庭因素是影响0~3岁婴幼儿心理发展的重要因素，对0~3岁婴幼儿的家庭教育进行评价也能获得更多的有效信息，使0~3岁婴幼儿心理发展的分析与评价更为科学、全面。

学习评价表

主题	内容	优秀	良好	一般	较差	很差
学习态度	能准时参加全部课程，按时提交作业，及时查阅教师上传的学习材料	5	4	3	2	1
专业知识	了解婴幼儿家庭教育的基本知识	5	4	3	2	1
研讨精神	积极参与讨论，对其他人的发言能提出合理的分析和见解	5	4	3	2	1
团队协作	能很好地融入课堂小组讨论，共同推进学习进程	5	4	3	2	1
沟通交流	能够清晰准确地表达自己的观点，与他人交流时态度语气恰当	5	4	3	2	1
人文素养	能够关注人文社科知识，有意识地树立职业精神	5	4	3	2	1
信息素养	会检索常见的婴幼儿发展专业文献数据库，主动阅读相关文献	5	4	3	2	1
实践应用	能够初步在家庭中有效实施0~3岁婴幼儿的心理发展评价与指导	5	4	3	2	1

推荐阅读

1.沈雪梅.0~3岁婴幼儿心理发展[M].北京：北京师范大学出版社，2019.

2.秦金亮.早期儿童发展导论[M].北京：北京师范大学出版社，2013.

项目小结

0～3岁婴幼儿的发展评价包括生理和心理两个方面，本章着重讨论了0～3岁婴幼儿心理发展评价，按照心理学的原则和方法，收集0～3岁婴幼儿的认知、情绪、行为等的发展特征和信息，对其个体的心理特质、心理状态和水平做出评价和估量的综合过程。0～3岁婴幼儿心理发展评价的目的就是正确把握婴幼儿在各个阶段的心理发展水平状况，并在早教、托育机构和家庭中从群体中甄别出有心理障碍的个体，有针对性地进行早期干预。

思考练习

1. 什么是0～3岁婴幼儿心理发展评价？

2. 开展婴幼儿心理发展评价有什么价值？

3. 早教或托育机构中，可以从哪些方面评价婴幼儿的心理发展呢？

4. 教师如何进行婴幼儿心理发展的家庭指导？

项目八答案

实践实训

尝试参加一次早教、托育机构的0～3岁婴幼儿的教育活动，并进行分析和评价。

基本信息栏			
活动名称		班级	
活动时间		教师	
活动记录与评价			
项目	聆听记录	分析与评价	
活动目标			
活动内容安排			
活动环境创设			
活动材料准备			

活动过程	教师的组织与指导		
	婴幼儿参与度与学习方式		
	师幼互动		
活动效果	婴幼儿的能力与水平		

参考文献

[1]李长岷.从出生到少年:儿童心理发展概论[M].重庆:西南师范大学出版社,1986.

[2] Robert N. Brandon. Adaptation and Environment[M]. Princeton University Press,2016.

[3]李丹.儿童发展心理学[M].上海:华东师范大学出版社,1987.

[4]赵倩.1~2岁儿童神经心理干预研究[J].现代预防医学,2021,48(11):1973-1975+2108.

[5]张文新.儿童社会性发展[M].北京:北京师范大学出版社,1999.

[6]范林惠.学前教育中幼儿心理健康教育浅析[J].新课程(综合版),2019(7):226.

[7]鲍秀兰.塑造最佳的人生开端:新生儿行为与0~3岁潜能开发指南[M].北京:中国商业出版社,2001.

[8]吕云飞,钟暗华.婴幼儿心理发展与教育[M].开封:河南大学出版社,2009.

[9]闫玉朋,夏勉,江光荣.心理干预的优先获益者——来自发展可塑性的研究证据[J].心理科学进展,2016, 24(2):250-260.

[10]文颐.婴儿心理与教育[M].北京:北京师范大学出版社,2011.

[11]周念丽.0~3岁儿童心理发展[M].上海:复旦大学出版社,2017.

[12]沈雪梅.0~3岁婴幼儿心理发展[M].北京:北京师范大学出版社,2019.

[13]曹桂莲.0~3岁儿童亲子活动设计与指导[M].上海:复旦大学出版社,2014.

[14]李艳玲,王美娜.学前儿童发展心理学:视频指导版[M].北京:人民邮电出版社,2018.

[15]莫秀锋,郭敏.学前儿童发展心理学[M].南京:东南大学出版社,2016.

[16]邵小佩，邹霞.0～3岁婴幼儿保育与教育[M].北京：人民邮电出版社，2017.

[17]李营，张丹.0～3岁婴幼儿家庭教育与亲子活动游戏指导：慕课版[M].北京：人民邮电出版社，2021.

[18]周念丽.特殊婴幼儿的心理发展与保教[M].上海：上海科技教育出版社，2019.

[19]钱文.婴幼儿心理发展理论[M].上海：上海科技教育出版社，2019.

[20]刘金花.婴幼儿心理教育[M].上海：上海科学技术出版社，2003.

[21]山东省妇女联合会，山东省家庭教育研究会.婴幼儿心理与教育[M].济南：山东科学技术出版社，1988.

[22]邵智.婴幼儿心理行为保健[M].重庆：重庆出版社，2007.

[23]王树庄.婴幼儿心理和早期教育[M].北京：高等教育出版社，1988.

[24]杨静.育婴师[M].北京：科学出版社，2014.

[25]张永红，曹映红.学前儿童发展心理学[M].3版.北京：高等教育出版社，2019.

[26]文颐.婴儿心理与教育：0～3岁[M].2版.北京：北京师范大学出版社，2014.

[27]刘婷.0～3岁婴幼儿心理发展与教育[M].上海：华东师范大学出版社，2021.

[28]上海市宝山区早教指导中心.0～3岁亲子活动方案[M].上海：华东师范大学出版社，2010.

[29]杰姆·戈德法布.天才之路(1)：出生到一周岁[M].陈姝，等，译.西安：西北工业大学出版社，2002.

[30]杰姆·戈德法布.天才之路(2)：一周岁到二周岁[M].陈军，译.西安：西北工业大学出版社，2002.

[31]杰姆·戈德法布.天才之路(3)：二周岁到三周岁[M].张建民，等，译.西安：西北工业大学出版社，2002.

[32]董妍，方圆，郭静.父母教养方式与婴儿适应行为的关系：消极情绪的调节作用[J].中国临床心理学杂志，2019，27(3)：586-590.

[33]刘亚鹏，等.早期情绪性对学前儿童问题行为和社交能力的影响[J].心理发展与教育，2019，35(6)：719-728.

[34]邓赐平.儿童心理理论的发展[M].杭州：浙江教育出版社，2008.

[35]陈帼眉，冯晓霞，庞丽娟.学前儿童发展心理学[M].北京：北京师范大学出版社，2013.

[36]秦旭芳.0～3岁亲子教育活动指导与设计[M].北京：中国人民大学出版社，2016.

[37]魏勇刚.学前儿童发展心理学[M].北京：教育科学出版社，2012.

[38]陈帼眉.学前心理学[M].北京：北京师范大学出版社，2014.

[39]张文军.学前儿童发展心理学[M].2版.长春：东北师范大学出版社，2017.

[40]陈雅芳.0～3岁儿童心理发展与潜能开发[M].上海：复旦大学出版社，2014.

[41]王丹.婴幼儿心理学[M].重庆：西南师范大学出版社，2015.

[42]文颐.0～3岁婴儿的保育与教育[M].北京：高等教育出版社，2015.

[43]张家琼，杨兴国.婴儿生理心理观察与评估[M].2版.北京：科学出版社，2019.

[44]骆风.论建立我国家庭教育的评价指标体系[J].学术研究，2015(6)：121-125.

[45]张利洪.幼儿教育政策法规与职业道德[M].重庆：西南师范大学出版社，2018.

[46]罗丽，刘昊.美国0～3婴幼儿托育服务机构质量评估中的CLASS：内容、特点与应用[J].外国中小学教育，2018(10)：45-54.